think**oya**

AKT 77

Ulrich Holbein – Mehr Grün!
Ein Dschungelbuch zwischen Kahlschlag und Stadtbegrünung
Akt 77

www.creativecommons.org
Ⓒ copyleft 2014 thinkOya
thinkOya ist ein Imprint der Drachen Verlag GmbH, Klein Jasedow

Umschlaggestaltung: www.humantouch.de
Bildnachweis: Wikimedia Commons/www.humantouch.de (Umschlag),
Wikimedia Commons (Seiten 1, 51, 73), www.archive.org (Seiten 13, 47),
www.zeno.org (Seite 17), www.wellcomeimages.org (Seiten 9, 25, 39, 57, 63),
Fondation Barbier-Mueller, Genève (Seite 91)
Layout, Satz und Herstellung: www.humantouch.de
Druck und Bindung: Finidr, s.r.o., Český Těšin
Printed in Czech Republic

ISBN 978-3927369-82-5

www.think-oya.de

Mehr Grün!

Ein Dschungelbuch zwischen Kahlschlag und Stadtbegrünung

Ulrich Holbein

think **oya**

Inhalt

Der Sündenfall der Pflanzen –
Stengelverhärtung

Wer bei Eva und Adam beginnt, verpasst den Sündenfall der Pflanzen.

400 Millionen Jahre, bevor der Baum der Erkenntnis auf Obstesser wartete, mobbte in damaliger Pflanzenwelt ein korruptes Bodenpersonal herum, so egoman und brutal wie frühlingsgrün, wenn auch nicht ganz so blutrot wie der Sündenfall der Tiere. Einzelne Kräuter reckten den Hals höher als andere. Sie versuchten, dem stummen Massaker zu entsteigen, sich abzuseilen, aber wohin? Wer als Tüpfelfarn die zarte Spitze am weitesten hochreckte, würde bald über den Dingen schweben.

Doch ab Kniehöhe knickte der zarte Stengel immer wieder um. Charles Darwins auch damals schon hochaktiver Selektionsdruck legte sich auf Arten, die es mit Stengelverhärtung am weitesten brachten. Es kam zur Geburt des Holzes aus der geistfreien Konkurrenz der Bodenbedecker und Kriechpflanzen.

Das Harte besiegte höchst undaoistisch das Weiche.

Der kleine Schritt vom Nackt- zum Bedecktsamer dauerte 150 Millionen Jahre, also der Schritt von der Unbehaartheit zum Feigenblatt auf Pflanzen-Ebene. Neben Nadelwald stellte sich Laubwald auf. Wildverbiss, Grünzeugbedarf von Mammut und Wisent, juckreizgeplagte Bären, die borkige Baumstämme als Scheuerhilfe benutzten, siehe Walt Disneys »Dschungelbuch«, fielen in der Unendlichkeit früher Wälder nicht weiter auf. Wald bedeckte den gesamten Globus derart rücksichtslos, dass lediglich Meere freiblieben. Steinspitzen guckten oberhalb der Baumgrenze aus grünem Ozean hervor.

Steinzeit, statt Holzzeit, wurde Steinzeit genannt – wie ungerecht! Denn verrottbare Holzwerkzeuge lagen derzeit viel zahlreicher herum als Faustkeile aus Stein. Zunächst verarbeiteten Menschen, sobald sie von den Bäumen stiegen, bloß umgefallene Bäume.

Dann schlug die Stunde der ersten Axt. War erst Ei oder Huhn da? Denn um den ersten Baum per Axt zu fällen, musste man einen Baum ohne Axt fällen, um Holz für den Stiel der ersten Axt zu bekommen. Wer zuerst da war, die Axt oder die Baumseele, die bei erhobener Axt zu rauschen oder zu schluchzen anfing, darüber konnten Botaniker und Mythologen sich noch nicht definitiv einigen, mangels überdisziplinären Teamworks. Äxte spalteten Bäume, und Menschen spalteten sich garantiert auch damals schon in Praktiker und Betonköpfe, also Holzfäller, und übersensible, fantasiegeplagte, abergläubische Angsthasen, die sich vor dem Gegenangriff verletzter oder getöteter Baumseele fürchteten und sie deshalb vor dem Einschlag bisweilen um Verzeihung baten. Im alten Ostafrika wurde die Fällung einer Kokospalme geahndet wie Muttermord.

War der Sündenapfel eine Banane der Erkenntnis?

Dem Sündenfall der Pflanzen und Tiere folgte der Sündenfall der Engel. Aus ihrem Himmel gestoßen, fielen sie Bäumen entgegen, die in den Himmel wuchsen.

In vorirakischen, vorgnostischen, vorbiblischen, fast vorsumerischen Schöpfungsmythen verlief alles etwas anders als später dann bei Eva und Adam. Adams Vorfahr Adapa oder Adamu fällte den ältesten Welt- und Lebensbaum von Babel und unterbrach so die baumförmige Nabelschnur zwischen Himmel und Erde, Eden und Elysium. So koppelten Menschen sich ab von Gott.

Adapa soll, anderen Textbruchstücken zufolge, noch im Paradies Urmutter Chawwa geschändet haben, später auch Eva genannt. Wo Sexisten lieber ›vergewaltigt‹ sagten, sagten Umweltschützer lieber ›verschandelt‹. Jedenfalls, Adapa wurde deshalb entweder rausgetrieben aus dem Vielstrom-Paradiesgarten, oder Fata Morgana selber blühte ab, auch Fata Maja genannt, samt Flora und Pomona. Ihr Standort erodierte fatal.

Später keimten scholastisch und rabulistisch florierende Zwiste auf, als was für eine Obstsorte ursprünglich die Frucht der Erkenntnis eigentlich wissenschaftlich festgelegt werden könne – Granatapfel oder Maulbeerfeige? Der Haggadah zufolge war's eine Feige. Christliche Ikonographie zeigte stets einen Apfelbaum – wie aber kann ein Apfelbaum Feigenblätter bzw. ein Feigenbaum Sündenäpfel produzieren?

Im Islam wurde der Erkenntnisbaum zur Bananenpalme, und die Banane zu Muhammads halbmondförmiger Lieblingsfrucht, die vor allem im Paradies nicht fehlen wird, siehe Sure 56. Talhabäume wurden zwar auch mal mit Akazienbäumen oder Sumachgewächsen (Rhus coriaria) übersetzt, mehrheitlich aber mit gebüschelten Bananen oder Bananen mit Blütenschichten.

Auf spätmittelalterlichen Mutter-Kind- oder auch Jungfrau-Maria-Jesuskind-Gemälden lag auf der Brüstung stets ein Apfel, der das neue ans alte Testament band, alsbald auf späteren Bildern seine religiöse Symbolik einbüßte oder losließ und dann nur noch als weltliche Birne dalag.

ULRICH HOLBEIN

Wie kann ein Apfelbaum Feigenblätter bzw. ein Feigenbaum Sündenäpfel produzieren? (Jacob Meydenbach, Holzschnitt, 1491)

Im »Paradise Lost« des John Milton steht der Erkenntnisbaum wiederum als Feigenbaum da, doch nicht etwa als gemeine Feige, sondern als imposanter Banyanbaum, Ficus bengalensis, zu deutsch auch: Würgefeige, weil die Überfülle der Luftwurzeln sich zum Wald auswächst und hierbei den Mutterstamm erdrückt.

Heutige Pilzenthusiasten und Fliegenpilzfetischisten erkennen ihren Fliegenpilz nicht erst im gebrochenen Brot des Abendmahls und im brennenden Busch des Moses wieder, sondern überdies in der botanisch undefinierten, jedenfalls angeblich tödlichen, also giftigen Rauschfrucht der Erkenntnis, zudem in der Giftschlange; denn sowohl Pilzstiel wie auch Schlange häuten sich; sowohl Jungpilz wie auch Apfel liegen rot und rund im Gras. Nur fallen in dieser allzu expansiv mykophilen Erklärung dann wieder die Feigenblätter stillschweigend unter den Tisch.

Brennende Erkenntnis-Büsche

Gestrafte, rauhbeinige Nachfahren Adapas und Adams schleppten sich durch Wüstenstaub, »Waste Land«. Sandsturmgeister und flimmernde Wüstendämonen à la Baal, Nehuschtan, Kamosch, Kakodaimon, Beelzebub, Jahwe, Hubal und Allah drangsalierten hartherzig mit Geboten und Strafen die Vorväter heutiger Israeli und Palästinenser. Alle sehnten sich in verheimlichten Stunden zurück zum grüngolden schimmernden Lebensbaum im lichtfleckdurchrieselten Kindheitsgärtchen.

ULRICH HOLBEIN

Weitgehend wolkenlose, regenfreie Regionen gebaren brennende Mythologeme, wettergegerbt maskuline Gotteswut.

Wolken- und nebelverhangene Regionen hingegen produzierten Religionen, in denen ein entfernter, unbekannter Gott nur blitzweise durch Wolkenwände bricht; gemäß kontrastreicherer Zweiteilung vorübergehenden Jammertals und ewigen Lichts.

Wüste wuchs. In versprengt aufglimmenden, von Hitzedelirium grundierten Visionen, zwischen Siebrest und Kameldorn, träumten in schrumpfenden Oasen religiöse Begabungen à la Abraham, Jaakov, Henoch, König Nimrod vom ungeschorenen Pflanzenparadies, oder von lichtumflossenen Himmelsleitern, zwecks Götterbaumrekonstruktion.

An die Stelle lebendig himmelstürmerisch sich rankenden Weltbaums trat technizistisches Ersatzinstrumentarium, trockne Maurerkunst, Lehmziegel auf Lehmziegel, Stein auf Stein. Doch der Turm von Babel konnte den Baum von Babel nicht ersetzen. Vorchristliche Wolkenkratzer wuchsen ihrem Einsturz entgegen, wie Raketen ihrem Absturz. Wandervölker, just monotheistisch geworden, fielen zurück in überwundenen Orgiasmus. Der lichtumspielte Baum der Erkenntnis vermittelte zwar noch bei Moses weiterhin göttliche Erkenntnisse, verdorrte aber rein optisch zum brennenden Busch, der 1478 in der Kölner und 1483 in der Koberger Bibel unlogisch als starkstämmig brennender Wald dargestellt wurde, also praktisch mit Querbezug zum Banyanbaum, was dann alle Lutherbibel-Illustratoren bis 1700 unbesehn übernahmen, obwohl im Text jeweils deutlich ›rubus‹ = Busch stand. Wissenschaftlich wurde der brennende Busch nachträglich festgelegt auf eine selbstentzündliche Gaspflanze oder Fraxinella (Dietamnus albus L.), Gott also auf eine natürliche Ursache zurückgestuft.

Zwischenfazit: Ab mosaischer Kulturstufe brauchten entheogene Pflanzen, um ihre innewohnende Göttlichkeit freizugeben, nicht mehr unbedingt oral aufgenommen zu werden. Der Schritt vom Erkenntnisbaum zum brennenden Busch markierte den entwicklungspsychologischen Übergang vom gierigen Kindermund zum kontemplativen Erwachsenenauge.

Lichtdurst und Gottessehnsucht

Manchen genügte es, einfach nur meditativ drunterzusitzen. Oben rauschte dann der Baum, unten lauschte der Mensch. Dazwischen erschien irgendeine Wesenheit, zunächst Baumseelen, die aufschrieen, sobald in relativ undatierten Urzeiten, also vielleicht noch vor Gilgamesch, ein Mytho-Unhold wie Erysichthon die mesopotamische Vergewaltigung der Großen Mutter erneuerte, auf Götter schimpfte, in den Hain der Ceres eindrang und brachial ein steinaltes Baumheiligtum, von fünfzehn Ellen Umfang, geschmückt mit Gedächtnistafeln, Bändern und Kränzen – erhörter Gebete Beweise – einfach umzuhauen befahl. Die Ausführorgane zögerten, den Baummord auszuführen, da legte der grimmige Baumfeind selber Hand an und ließ sich auch dann nicht aufhalten, als der Baum – statt Harz – Blut laufen ließ, blutrotes Menschenblut. Erysichthon fällte die Rieseneiche.

Von der Holzklotzanbetung bis zur Kruzifixproduktion – keine Religionsgeschichte ohne Kahlschlag. Bald dampfte und darbte die Südhalbkugel als geologische Glatze, ausgeliefert

*Der lichtumspielte Baum der Erkenntnis vermittelte zwar noch bei
Moses weiterhin göttliche Erkenntnisse, verdorrte aber rein optisch zum
brennenden Busch, der 1478 in der Kölner und 1483 in der Koberger
Bibel unlogisch als starkstämmig brennender Wald dargestellt wurde.
(Holzschnitte, Bartholomäus van Unckel/Anton Koberger)*

Sonnenwind und Sonnenbrand. Nur die Nordhalbkugel lag noch äonenlang flächendeckend im Sumpfwald, viel zu dunkel, um sich in Holzaxtproduktion zu verausgaben, alle Urwaldriesen ungekämmt ineinander verfilzt, unaufdröselbarer als manch ein methusalemischer Prophetenbart, worin Zaunkönige hüpften und brüteten, lang bevor es Könige und Zäune gab.

Durch Löwenwald jagte ein Waldlöwenjäger und Welteschenfäller, eine Art nordischer Erysichthon, und schoss ständig daneben, kam kaum durch, durch Unterholz, Strunkwerk, Wurzelchaos. Kein Tröpfchen Sternlicht, Mondlicht, Sonnenlicht tropfte auf Waldboden durch. Rübezahl und Rapunzel ließen ihre Bärte und Zöpfe unbeschnitten wachsen. Bäume standen wie angewurzelt sich gegenseitig auf den Wurzeln herum. Man sah vor lauter Wald weder Bäume noch Himmel. Bloß Baumgeister und Windgeister standen seelisch zur Verfügung; kein Lichtgott himmlischer Höhen kam in Sicht. Um an ein Quentlein frühe Metabotanik heranzukommen, musste grüne Finsternis aufgelichtet werden.

Die Geburt des Holzfällers aus dem Geist der Gottsuche? Jawohl – Hinwärts- und Aufwärtsbewegungen der Lichtfleck-Alge Euglena, Schlafbewegungen bei Kompasspflanzen und Blumenuhren, Baumverrenkungen, alles ging physiologisch nahtlos über in vorkatholisches Händeringen in Richtung lichtvisionärer, vormals photosynthetisch inspirierter Himmelskönigin, in gnostische, gotische und anderweitige Gottessehnsucht, um sich später zu philosophischer Wahrheitssuche zu mäßigen, siehe Martin Heideggers Begriff der ›Lichtung‹.

Geschmackssache, ob der Homo religiosus eher als Ausläufer aufrollbeweglich fingernder Ranken firmiert, also selbst in seinen höchsten Bestrebungen auf Pflanzen-Niveau verbleibt, oder ob man umgekehrt bereits bei der Pflanze religiöse

Fähigkeit konstatieren möchte. Der Schmetterling, der auf Sufi-Art ins Licht stürzt, variiert die Konstellation Pflanze/Licht = Mensch/Licht kaum. Sonnenbaden und Braunwerden in atheistischen Zeitaltern krebst als abgesunken säkulare Schwund- und Kümmerform archaischen/ägyptischen Sonnenkults herum.

Bevor Frühgotik anfing, fand Pflanzengotik statt, dies sogar wortwörtlich noch innerhalb von Vorgotik und Urgotik. Früheste Kathedralen, deren Spitzbögen und Bündelsäulen aus den Formbildungsgesetzen lebender Bäume hervorwuchsen, gebaut von irischen Mönchen und Rutenbauern, aus Eschenstämmen und Weidenstecklingen, basierten auf der Mudhif-Bündelkunst frühirakischer Sumpf- und Schilfbauern.

Dann aber gingen Weidenkirchen in Kompost über, und grüne Gotik in graue Gotik, in versteinerte Kreuzrippenkuppeln, Rankwerke, Kriechblumen, quasi in verfrühte Betonbauweise. Immer noch im Wahn, Stein um Stein Gott näherzukommen, auf der Basis alter unausrottbarer Babel-Komplexe.

Andere Holzverbraucher, statt lichtdurstig in grüner Finsternis den Himmel zu schauen, wollten einfach nur Melkschemel und Holzeimer herstellen. Beide Sorten Mensch, Baumfreund wie Baumfrevler, vom Höhlenbewohner bis zum Zeitungsleser, brauchten unentwegt Holz, für Pfeil und Bogen, Räder, Ochsenkarren, Wikingerschiffe, trojanische Pferde, Armbrüste, Brennholz, Pfahlbauten, Holzhütten, Fachwerkhäuser, später sogar für Violoncelli – keine Welt- und Kulturgeschichte ohne Entwaldung. Ganze Wälder legten sich flach, widerspruchslos.

Unterm religiösen Feigenbaum

Nochmal kurz zurück zu Adam und Eva: Kaum hatten sie ihre Blöße mit je einem Feigenblatt gedeckt, saß 6000 Kilometer entfernt Buddha, nachdem er, wildwuchernden Überlieferungen zufolge, bereits in vierunddreißig früheren Inkarnationen als Baumgeist gelebt hatte, unter einem Feigenbaum, unterm Bobaum, auch Bodhibaum genannt, Ficus religiosa, einem religiösen Pipalbaum, und träumte vom Rosenapfelbäumchen seiner Kindheit im Lumbini-Hain.

Die biblisch-altorientalische Paradiesschlange kam als Kobrakönigin Muktalinda, einer Abgesandten der Großen Mutter Maja bzw. Fata Morgana, zu ihm und reichte ihm die Frucht der Erkenntnis, die auch gern mit Erleuchtung übersetzt wurde, auch wenn Feigen keine ausgesprochen psychoaktiven Spezialeffekte gebären, sondern bloß gut schmecken. Um die genaue botanische Bestimmung der Frucht stritt man sich nicht. Nirgendwo ein Drumherum aus Fressneid und wahnhafter Sündenbockzuweisung. Für seine Erleuchtung wurde Buddha nicht vertrieben und bestraft, fortan im Schweiße seines Angesichts zu schuften.

So oder so: Flüsternde Baumgottheiten hatten sowohl indischen Buddhas und Nirwanabesetzern wie Welteroberern und Indienbesetzern etwas zu sagen. Denn auch ein uralter Banyanbaum, unter dem fünftausend Krieger Alexanders des Großen Platz fanden, fing plötzlich zu raunen an und warf dem Feldherrn Eroberungslust vor und prophezeite sein baldiges Ende.

Der Turm von Babel konnte den Baum von Babel nicht ersetzen.
(Marx Anton Hannas, Holzschnitt, 17. Jhd.)

Mystische Einweihungen unter Bäumen häuften sich auch außerhalb buddhistischer Zusammenhänge: Joseph empfing höhere Zuflüsterung unter einer Terebinthe; Jean-Jacques Rousseau genoss eine Ideen-Überströmung unter einem Chausseebaum. Selbst aus einem Holunderbusch, wie im Fall des Studenten Anselmus, konnte Serpentia-Weisheit wispern, und das im Stadtkern von Dresden, kein Wunder, denn Hexenbesen wurden aus Holunderholz gefertigt. Bruno Wille wurde ein norddeutscher Wacholderbaum zum Bodhibaum.

Nicht-holzfällende Buddhisten spalteten sich in solche, die Buddhaschaft nur für den Menschen reservierten – denn zwischen Bäumen und Menschen besteht doch wohl ein Unterschied! –, und solche, die Erleuchtungen und Bäume derart ineinanderwachsen sahen, dass sie im Umkehrschluss sogar Bäume für erleuchtet hielten. Menschen hielten beim Meditieren nie so formvollendet still wie Frösche; Frösche meditierten nicht ganz so in sich selbst versunken wie Pflanzen.

Tiere bewegen sich schneller als Pflanzen. Pflanzen bewegen sich schneller als Sand. Sand bewegt sich schneller als Berge. Aber alle bewegen sich!

Vorzeitige Spielverderber

Wodurch kam Hochkultur so richtig hoch? Gleichfalls durch Stengelverhärtung?

Kaum hatten aufkeimende religiöse Systeme, um zu wachsen, sich an den hellsten Köpfen ihrer Epoche hochgeschaukelt

(Hieronymus, Thomas von Aquino, Dr. Luther), wurden ebenso helle Köpfe wach, als Häretiker und Wertezertrümmerer, also praktisch als Holzfäller (Cartesius, Kant, Nietzsche) und schaukelten sich rauf, an der Widerlegung all der hochgezogenen Theoreme und Termini, bis Religion verbuschte und bloß noch von Normalos (Päpste, Bischöfe, Hans Küng) und deren Verehrern weitergewalzt wurde, inklusive allem, was als zweite Garnitur sonst noch so mitlief, als zusätzliche Unsichtbarkeit, als Halbschatten des Bodenpersonals, nicht Fisch, nicht Fleisch, weder Gott noch Mensch, sondern als die Spezies rein geistiger Wesenheiten, also auch Baumgeister und Pflanzenseelen.

Erleuchtungskönig Buddha, kurz: Erlkönig, beseitigte alles in einem Aufwasch, wimmelnde Wahnbilder, konstruierte Götter, Dämonenwildwuchs – alles eine Bagage.

Wang Dschung (27–97 n. Chr.) nannte die Lehren von Yin, Yang und Dao »leeres Geschwätz«.

Bischof Irenäus von Lyon sägte gnostische Hirngespinste ab.

Tertullian mokierte sich über Empedokles' weibliches Hantieren mit pythagoräischer Seelenwanderung und seiner schier darwinistischen Behauptung, selber bereits der Reihe nach Strauch, Fisch und so weiter gewesen zu sein.

Empedokles' Zeitgenosse Diogenes von Apollonia, der Wang Dschung der Antike, noch schlimmer: der Cartesius und Julien Offray de La Mettrie des klassischen Altertums, machte reinen Tisch und sprach ohne langes Gefackel den Pflanzen das Denken ab. Wie unspendabel! Wie unverzeihlich!

In solch kaltherzig reduktionistischen, realitätslastigen Theoremen röhrte von Anfang an die – sowieso unaufhaltsame – Baumsäge.

Doch jederzeit wuchs spirituelles Unkraut, samt göttlichem Pandämonium, sofort wieder nach. Niedergetrampeltes Gras stand wieder auf. Geköpfte Weiden schlugen wieder aus. Der Schleier der Großen Mutter Maja reparierte gleich wieder jedes Löchlein sofort, ehe der nächste Holzfäller nahte.

Statt Blumenkranz – Dornenkrone

Ein gelernter Holzfacharbeiter aus Bethlehem nahte einem allzu weiblichen Feigenbaum – und verfluchte ihn, so unerleuchtet wie möglich, untalentiert, Geschenke zu genießen. Aggressive Magie kontra florale Sensibilität. Ein Affront gegen die herzförmige, feigenblattförmige Yoni der Maja. Jesus als mutierter oder auch sublimierter Erysichthon, aber ohne dessen männlich verschwitzte Achselhöhlen, und ganz ohne Axt – Jesus als magischer Schreibtischtäter, verewigt von Evangelist Markus.

Jesus' römischer Zeitgenosse Publius Ovidius Naso verewigte kurz vorher den Baumfrevel des Erysichthon! Die unschuldige Pflanze, getroffen von des Heilands Fluch, verdorrte umgehend, nicht ohne Rückstoßprinzip und Spätfolgen: Der Verflucher musste dasselbe Schicksal erleiden, durstig, lebendig an totes Holz gehängt.

An einem verdorrten Baum hing ein abtrünniger Sohn, emotional verkümmert, um nicht zu sagen: verdorrt, und schloss, anstatt unter indischem Bodhibaum aufzuwachen, die Augen am indianischen Marterpfahl, statt mit Fata Morganas säuselndem Proviantpaket oder Blumenschmuck, oder mit der Laubmaske des geopferten Adonis, Attis, Osiris, Tammuz, Melchisedek oder

Mithras, oder dionysischem Weinlaub, wenigstens Vorschuss-lorbeer – herb und schnöd mit Dornenkrone.

Nach dem Ritus altgermanischer Jurisprudenz: Lang bevor Germanien missioniert wurde, ward in heiligen Hainen jedem, der Äste abbrach, etwas anatomisch Analoges abgebrochen.

Wer Rinde abschälte, wurde abgeschält, Baum um Baum, und Ast um Ast. Beschneidungswahn wuchs vornehmlich in mono-theistischen Religionen groß. Christentum pervertierte sowohl die germanische Weltesche wie den Erleuchtungsbaum Bud-dhas zu Kruzifix und Galgen, zu sakralen Vorreitern profanen Waldsterbens.

Bauerwartungsland in Sicht

Auch die Nordhalbkugel ward abgeschoren, abgegrast, abge-frühstückt. Das Prinzip ›Rübe ab‹ stand bereit für historische Steigerungen.

Sandwüste, Staubwüste und Steinwüste hatten es eilig, auf Bauerwartungsland, Betonwüste und Kulturwüste hinauszulau-fen, verfrühter als nötig. Ein altes Lied: Vor tausend Jahren hieß weltweit expandierender Turbokapitalismus – Christentum. Germanen und Christen fällten um die Wette Bäume.Fehlende Kettensägen und Vollernter hielten die gesamteuropäische Ab-holzung kaum auf. Hart kontra Weich – zweitausend Jahre be-vor der Terminus ›Naturbeherrschung‹ aufkeimte.

57 v. Chr. schrieb Julius Cäsar in seinem »Bellum Gallicum« über eben die Germanen, zu deren Naturverbundenheit sich

später die christentumgeschädigte Christenheit zurücksehnen sollte: »Es gilt für die Stämme als höchster Ruhm, möglichst weite Landstriche in ihrem Umkreis zu verwüsten und dort Ödland zu haben.«

Auch der Historicus Tacitus zeigte sich schockiert von verödeten Landstrichen in Germanien.

Zimmermann Jesus mutierte zur Möbelindustrie.

Flächenfraß im öffentlichen Interesse fand statt, obwohl überblickbare, agrarisch und verkehrstechnisch erschlossene Länder eroberbar werden und die Römer Germanien nur deshalb nicht einnehmen konnten, weil sie mit dem verfilzten Urwald sowenig zurechtkamen wie bald darauf die Amerikaner, die aus römischer Geschichte nichts lernten und sich also in den Regenwäldern Vietnams erfolglos verausgabten.

Entwaldete Länder wie Afghanistan verlegten das Labyrinth ihrer fehlenden Wälder in die steinernen Wälder unterirdischer Höhlensysteme und Bergfestungen. Ohne Wälder keine Basis für Partisanenkämpfe.

Monotheistischer Vandalismus

In verstreuten Oasen hielt sich ein letzter grüner Hauch ehemaliger Total-Paradiese, auf Abruf, ohne Gewähr.

Der Sündenfall der Menschen bestand im Rückblick weniger im Obstkonsum als im Bäumefällen.

Der Baumstumpf der Erkenntnis schwor den IQ der Menschheit ein auf Fortschrittstechnologie. Selbst die Schutzzonen,

Wiedergutmachungs- und Alibi-Inseln, eben die sogenannten heiligen Haine, die Kahlschlagsmentalität in geschändete Wäl- der immerhin hier und da einbaute, verschonte keiner.

Nachdem Prophet Muhammad Mekka erobert hatte, befahl er Khalid ibn al-Walid, drei heilige geweihte Akazien im Wadi Nakhla umzuhauen, eigentlich der altarabischen Göttin al-Uzza geweiht. Das Ausführorgan spaltete zugleich der Göttin al-Uzza selber, und obendrein dem Priester Dubaiya, die Schädel. Des Propheten Kommentar: »Das war also nun al-Uzza. Nach ihr werden die Araber keine al-Uzza mehr haben. Von heute an wird sie keine Verehrung mehr genießen.«

Im 7. Jahrhundert n. Chr. ließ Bengalenkönig Shashanka, fanatischer Anti-Buddhist, den heiligen Bodhibaum Buddhas nicht nur fällen, sondern zusätzlich – wie Mongolen im Mongolensturm, statt nur Menschen, auch Tiere und Pflanzen töteten – die Wurzeln ausgraben und verbrennen. Er übte also das Prinzip Drogen-Razzia an ungeeigneter Baumart ein.

723 n. Chr. fällte in Germaniens unendlichen, straßenlosen, weglosen, brückenlosen, ungerodeten, unzerstörten, unzersiedelten, unverbauten Sumpfwäldern Germaniens, genauer: bei Geismar an der Eder, St. Bonifatius, vormals Winfrid geheißen, Apostel der Deutschen, eine tausendjährige Donareiche, den Balken seines christlichen Auges, wie schon Shashanka vor ihm ganz grobstofflich und reell, statt sie wie Jesus bloß mental und symbolisch zu verfluchen, oder ihr wie Diogenes von Apollonia kein Denken zuzutrauen. Bonifatius, dieser sublimierte Erysichthon, beging dasselbe Delikt wie der vierschrötigste Ur-Erysichthon: Zunächst unbekehrbaren Heiden sollte bewiesen werden, dass deren Götzen den Baum nicht beschützen würden. Leider beschützten sie ihn tatsächlich nicht – warum eigentlich nicht?

Lediglich wunderten sich hingegen die Esten, dass ihre Idole – als Christenpater Dietrich sie zusammenhieb – nicht bluteten.

Bonifatius, als Eisbergspitze, Opfer nachträglichen Hitdenkens, überschattete als höchste Erhebung alle Konkurrenzbäume, die vor ihm und nach ihm sich potent als Baumfeinde profilierten: König Edgar (959–975), Erzbischof Unwan von Bremen (1013–1029), König Knut der Große (1014–1035), Herzog Bretislaw II. von Böhmen (1092–1100).

Christentum, das sich als Astgabel in Katholizismus und so weiter aufspaltete, legte sich als silbriger Mehltau auf die angeblich grüne Gesinnung germanischer Wendehälse.

Der Bagdader Kalif al-Mutawakkil, ein arabischer Bonifatius im 9. Jahrhundert, ließ die von Zarathustra eigenhändig gepflanzte Riesenzypresse, noch von Marco Polo erwähnt, von seinem persischen Statthalter fällen – Sieg des Islam über archaische Feuerreligion.

Wäre Europa germanisch geblieben oder gleich buddhistisch geworden, hätte das alles anders laufen können – oder wär wohl alles ungefähr genauso gelaufen. Denn wenn im Buddhismus Bäume tatsächlich verehrt wurden, wieso gibt es dann in China so viel kranke Pflaumenbäume und warum sind japanische Zen-Gärten so hellgrau wie Frau Saubermanns Lieblingsfarbe und so kahl wie eine Fußgängerzone in Bebra nach Abzug der Müllabfuhr?

Baumfreund wie Baumfrevler brauchte unentwegt Holz, für
Pfahlbauten, trojanische Pferde, später sogar für Violoncelli.
(Jost Amman, Stich, 1568)

Baumnymphen und Holzfäller – Softies und Furien

Missionar kontra Eiche. Archetyp Holzfäller kontra Urpflanze Baumseele, Knechtung des weiblichen Prinzips, antithetisch wie isländischer Straßenbauminister und isländische Elfenbeauftragte, unterscheidbar wie brutaler Animus und holde Anima, wie Jäger und Sammlerin, wie Beschneider, der Macht ausübt über Beschnittene, und Hebamme, die neue Beschneider zur Welt bringt – wie Mann und Frau.

Der eine holzt ab, die andere gießt Blümchen.

Die Waldnymphe Krokowna träumt im lichtfleckdurchperlten Waldesschatten, den der brutale Holzhauer permanent verkleinert. Machos aus China und Afrika verkrüppeln ihren Frauen Füße und Klitoris.

Bäume, die ein richtiger Mann gnädig stehenlässt, beschneidet er zumindest, entastet, verstümmelt, vom notorischen Deflorateur bis zum pensionierten Hobbygärtner.

Doch die klar geschiedenen Fronten erlauben sich manchmal Rollentausch.

Männer scheinen bisweilen die Axt nicht heben zu können und Chrysanthemen gezüchtet zu haben. Chinesen kämpften gegen chinesische Fuß- und Baumverstümmlungen.

Jean-Jacques Rousseau plädierte, statt für französische, für englische Gärten: »Der Mensch zwingt ein Land, die Produkte eines anderen hervorzubringen, einen Baum, die Früchte eines anderen zu tragen; er vermischt und vermengt die Klimata, die Elemente, die Jahreszeiten; er verstümmelt seinen Hund, sein Pferd, seinen Sklaven; er stürzt alles um, verunstaltet alles; er liebt das Unförmliche, die Missgestalten; nichts will er so, wie es die Natur gebildet hat, nicht einmal die Menschen; man muss ihn wie ein Schulpferd abrichten, ihn wie einen Baum im Garten nach der Mode biegen.«

Bereits 200 v. Chr. hat König Xerxes, persischer Staatschef, ohne als Politiker Softie gewesen zu sein, eine lydische Platane geehelicht und geschmückt. Herodot erwähnt das kaum. Ernst Borneman schneiderte daraus die Perversion der sogenannten ›Dendrophilie‹, der Baumesliebe. Einziges Fallbeispiel: Xerxes.

Staatschef Ashoka widmete als Buddhist seinem religiösen Feigenbaum, dem unmittelbaren Nachfahren des Baums, unter dem Buddha Erleuchtung fand, mehr Aufmerksamkeit als seiner Zweitgattin Tissarakkha.

Tao Yüan Ming (365–427) gab in einem Gedicht bekannt: »Die Bäume scheinen mich zu kennen und untereinander zu flüstern.«

DDR-Politiker Erich Honnecker lobte die Kinder, die ihm einen Strauß überreichten: »Des sinn ober scheene Bliemchen!«

Und umgekehrt: Frauen können sich als Baumfrevlerinnen entpuppen: Tissarakkha wallte in Eifersucht auf, gegen Aschokas Baum, oder gegen die im Baum ihres Gatten wohnende Baumnymphe, und stach mit einem Mandu-Dorn, dessen Stich Bäume verdorren ließ, in den Bodhibaum, zweihundertfünfzig Jahre vor Jesus' Feigenbaumverfluchung. Einsam steht die eiserne Lady Tissarakkha, übel männlich, mit ihrem Mandu-Dorn in all den Äonen softieförmiger Naturschützer, Alleenschutzgemeinschaften, Baumdoktoren und Baumnarren, die neben Waldparkplätzen behaupten, der Mensch könne ohne Autos, nicht aber ohne Bäume leben, und die begeistert in höchsten Kronen herumhangeln, wenn auch nicht ganz so elegant und unangeleint wie Tarzan.

Zudem soll es Männer geben, die so gut wie nie Blumen pflücken; Mädchen aber müssen fast immer alles abrupfen. Und wieso gehören Scheren weniger zu den geborenen männlichen Beschneidern als in Nähkörbe und Gartenpavillons?

Wie rasierten sich eigentlich Buddha und Tarzan?

Die Pflanze wuchs in Menschen und Schläfern weiter, als Behaarung, als nachschneidbare Fingernägel. Religiöse Bärte wurzeln auf botanischen Grundlagen. Im Wald wie im Bart sterben vegetative Kräfte ungehindert vorwärts und umkleiden nackte Fels- und Kinnformationen.

Zwar vermochten Prophetenbärte in Gegenwind und Sturm sich zweiteilen und rückwärts über die Schultern wehen, doch mangels Masse brachte es Menschenbart leider nie zum Waldesrauschen. Die Menschheit, so nachhaltig sie dem Urwald partiell entwuchs, gebot anfangs dem pflanzlichen Prinzip, sobald es am Menschen hervorwuchs, kaum Einhalt.

Jahrtausende lang kam keiner auf die Idee, Bärte zu kürzen.

Dann aber kam Naturbeherrschung in Gang. Bevor man Blumen und Haare schnitt, begnügten sich Mesopotamier beim Bändigen ihrer Bärte mit Flechtkunst.

Die Erfindung des Kammes entsträhnte archaisch dichtverfilzte, mangrovenartig um sich greifende Bärte, dichter als Dornröschenhecken. Totale Bartabnahme war ursprünglich eine harte Bestrafung, eine Art Skalpierung, die alsbald immer freiwilliger grassierte. Höhlenbewohner, die von Kultur beleckt

sein wollten, traten immer frisierter auf, Ausnahmen abgerechnet.

Verwirrenderweise trat Buddha weltgeschichtlich als eine
der ersten bartfreien Persönlichkeiten auf, jedenfalls auf allen
seinen Bildern. Buddha blieb der weit und breit einzige rasierte
Religionsstifter überhaupt!

Mythologisch eigentlich ein Unding!

Der biblische Simson schrumpfte ohne Haare machtlos zusammen. Ein bartloser Gotama hätte unter einem gestutzten
Erleuchtungsbaum auf Erleuchtung lange warten müssen. Ein
bartloser Moses hätte in der Trockenwüste keinen brennenden Busch vorfinden können. Ein bartloser Laotse – lächerlich!
Gymnosophisten, Dschainas, Sadhus und Gurus befanden: »Erleuchtung kannst du nur nackt erfahren. Kleidung verhindert
Erleuchtung. Ohne Bart keine authentische Erleuchtung.«

Der historische Gautama hat natürlich einen Bart getragen,
auch wenn alle Bilder dagegensprechen. Wie aber dies? Die frü-
hesten Buddhastatuen frönten dem Einfluss antiker Kunst und
näherten also ihren Buddha dem Gott Apollo an, siehe graeco-
buddhistische Ghandara-Kunst, deren Riesenbuddhas von Ba-
miyan dann von den Taliban gesprengt wurden. Taliban lehnten
die Neuzeiterwerbung Rasierapparat zwar ab, bejahten hingegen die Neuzeiterwerbung Schießgewehr und Dynamit. Obwohl
die bärtigen Germanen die rasierten Römer besiegten, wurden
die Taliban, die die Idee des Vollbarts diskreditierten, von den
rasierten Amis besiegt.

Bartflüchter und Germanisten changieren zwischen Toupet,
kratzenden Küssen und epilierten Waden immer unaufdröselbarer im Gewöll und Symbolkuddelmuddel ihrer Paradoxe.

Auch Jesus hatte seinen Bart von Anfang an behalten dürfen, gotischer Malerei zufolge. Ein bartfreier Welterlöser böte

weniger als die halbe Miete, weniger als ein trockenrasierter Weihnachtsmann. Beim Barte des Propheten: Ein Faconschnitt-Heiland mit Hartschalenkoffer hätte gleich Zeuge Jehova werden können.

Die Patriarchen der Ostkirche, die 1551 erklärten: »Ohne Bart kommt niemand ins Himmelreich«, hatten damit nicht ganz unrecht. Bärte schützten sogar vor Zahnweh.

So erfolgreich Tarzan fröhliche Urstände ins Dschungelparadies zurückbrachte: Global-Ernüchterung färbte sogar auf unbescholtene, kaum vordatierte Naturkinder ab. Tarzans domestizierte Zeitgenossen, Charles Darwin, Karl Marx und Johannes Brahms, liefen mitten in rasierter Zivilisation mit Vollbärten herum, als wandelnde Darwinismusopfer, schier als Gorillas mit Stehkrägen. Tarzan selber aber trat, zwischen gleichfalls darwinistisch beeinflussten Affen, trommelnden Negern und rettenden Palmen, mit stets frisch und sauber ausrasiertem Nacken auf. Untenrum Leopardenhose, obenrum dauerhaft akkurat kurzhaarig. Tarzan als Kentaur, als inkonsequenter Waldgeist. Selbst reißendsten Stromschnellen und Krokodilskämpfen entstieg Tarzan auffallend unzerstrubbelt, ja pomadisiert.

Nirgendwo zeigte Tarzan sich unverwundbarer als auf seinem Scheitel und rund um die Ohren. Jedem Tierchen seine Achillesferse.

Eine Gorillabrust ohne Brustfell, die sich ohne Kamm, Klinge, Schere, Shampoo und Kulturbeutel täglich rasierte, nur wie? Nass oder trocken?

Darüber schweigen sich alle Bücher und Filme einhellig aus. Wissenschaft vergaß diese Frage auf den Tisch zu bringen. Erklärungsmodelle beeilten sich nicht, herbeizudrängeln. Gleichwohl fällt Antwort nicht äußerst schwer: Tarzan, falls er nicht als Body-Building-Hermaphrodit sich durch sein dschungel-grünes, naturbelassenes Fitness-Studio schwang, wird Methoden entwickelt haben, einfache Kulturtechniken, eine bei Gorillas unbekannte, höchst innovative Schab-Technik, alles kein Problem.

Was vereint Buddha und Tarzan? Beide entzogen sich ihrer gutsituierten Gesellschaft und lebten alternativ. Beide stiegen zu Volkshelden auf. Buddha saß kontemplativ unter dem Baum, an dessen Lianen sich Tarzan hochaktiv durch die Wipfel schwang. Beide kämpften gegen Triebe, Buddha gegen seine eigenen Selbst- und Arterhaltungstriebe, Tarzan gegen die Fress- und Aggressionstriebe seiner animalischen und negroiden Angreifer. Buddha bekam von Kobrakönig Mukalinda die Frucht der Erleuchtung gereicht; Tarzan, umschlungen wie Laokoon, würgte Riesenschlangen zuschanden, so unerleuchtet wie möglich. Beide tragen bis zum heutigen Tag nicht mal Dreitagebart!

Warum – um alles in der Welt – rasierte sich eigentlich Tarzan überhaupt? Was bewog das Naturkind zu dieser urban-mondänen Tätigkeit? Was hatte er davon? Nur um den Affen zu zeigen, dass er kein Affe sei?

Einfache Antwort: Ihre Top-Frisuren lassen Tarzan und Buddha als Neuzeitmenschen und heimliche Stadtmenschen erkennen, und dies im Fall Buddhas 500 v. Chr.!

Buddha als Desillusionist schlug mit der Machete seiner Denkkraft eine mentale Schneise in den animistischen Urwald der uralten pflanzenfreundlichen Bön-Religion, die vom Buddhismus nie ganz verdrängt und überwachsen werden konnte, sondern hinter Buddhas nirwanistischem Kahlschlag wuchs die Wunde wieder grün zusammen und hinterfing, infiltrierte, imprägnierte inkognito die banyanbaumartig weiterwuchernden Buddhismus-Sorten, derart, bis es hieß, Buddha habe, bevor er Buddha wurde, vierunddreißig Inkarnationen als Baumgeist durchleben müssen – und selbst Buddhas Erleuchtungsbaum, für manche Naturfreunde sein schönstes Beiprogramm, lässt historisch sich nicht ganz absichern, sondern könnte nachträglich von offiziell buddhistisch überbotenen Bönpos eingeschmuggelt sein, als Buddhas Eingemeindung in bejahbare Vegetation.

Alsbald griff unentwegtes Waldroden und Holzfällen konsequent auch auf das Wachstum der Bärte über. Christliche Tonsurmönche mochten, in behaarter Ambivalenz, keinen Pflanzenwuchs von innen durch die Glatze brechen fühlen.

Wechselnde Karnevalskostüme – von Mittelalter bis Fin de Siècle – wurden an den Haken gehängt, um sich global auf Bügelfalte, Schlips und Scheitel einzupendeln. Brille drauf – und man wirkte erträglich, manierlich, domestiziert, tausend Jahre, bevor der Terminus ›Zivilisationsprozess‹ aufkeimte.

Nur um sich als Vermögensberater profilieren zu können, nahm man in Kauf, als gerupfter Gockel und schweinchenrosa Nacktschnecke herumzulaufen, mit grausligen Highpoints, von der Tonsur über den Nazischnitt bis zum Skinhead.

Die Wüsten unvermeidlicher Global-Ernüchterung wuchsen. Achselhöhlen, in denen sich die Hölle auftat, wurden selten. So hatte sich Buddha das nicht vorgestellt, als er den Nirwanabegriff formulierte.

Prähistorische Ur-Idole und postmoderne Unholde à la Conan der Barbar, Scorpion King, Terminator oder Klitschkobrüder vermochten sich unterdessen, bei aller Urkraft, kaum auf höhere Evolutionsstufen zu schwingen. Sie alle kompensierten ihre an Tarzan, Buddha und Adam apokryph geschulte Bartfreiheit via Bizepsaufbau. Selbst späte Dandys à la Salvador Dali, bei losgelassenem Vollbart, delegierten ihre physiognomische Potenz kunstreich in äußerste Schnurrbartspitzen. Eher wären Tarzan und Buddha mit Bart vorstellbar als Knecht Ruprecht ohne.

Darf man Weihnachtsmänner rasieren?

Nur wenn's Diktatoren wären. Kein Wunder, dass Ex-Diktator Saddam Hussein, festgenommen im Dezember, also in der Adventszeit 2003, mit Bartgewöll nur halb so schlimm ausschaute wie ohne.

Gurus ohne Bart bleiben bloß Seminarleiter. Rom-Päpste in voller Mittelaltermontur, aber bartlos, ahnen wenig von ihrem surrealen Stilbruch. Wo hat Gottlosigkeit ihren Hauptsitz?? Durchaus in des Papstes Bartlosigkeit!! Insofern wäre der Weihnachtsmann der gottähnlichere Papst.

Naturbeherrschung mit Rasierapparat

Selbst Geister, denen die Kultivierung zu hopplahopp oder zu weit ging, wie Jean-Jacques Rousseau, verneinten inkonsequent per Trockenrasierer, na gut: Schermesser, die eigene Pflanzlichkeit. Haare konnten so schnell nicht nachwachsen, wie man sie abrasierte. Wäsche konnt so schnell nicht einschmutzen, wie man sie wusch. Potenzielle Feinde wuchsen schneller nach, als man sie zurückbombte.

Bäume wurden zu Verkehrshindernissen, angepinkelt von Hund und Mann. Bäume hatten seit Preußen nicht nur in Reih und Glied zu stehen, sondern auch kurzes Haar zu tragen. Baumgeist und Pflanzenseele hatten für Holzverbraucher über deren Tod hinaus Holz zu liefern – Sargbretter.

Alsbald, nachdem in allen Wäldern Köhlerfeuer qualmten, stand Mitteleuropa kurz vor derselben Entwaldung wie ganz Südeuropa, Arabien, Nordafrika – formierten sich Bürgerinitiativen? Schritt die Aktionsgruppe Robin Wood gewaltfrei ein? Noch lange nicht! Sondern?

Ausgerechnet die teuflische Maschine, die 1765 erfundene Dampfmaschine, indem ab sofort viel weniger Bäume gefällt werden mussten, bewahrte Europa vor der definitiven Entwaldung, Überweidung, Verkarstung, Versteppung, Desertifikation. Lokomotiven und Traktoren erlösten Schindmähren und Ackergäule; nur der Betonklotz, der doch wohl antrat, um Bäume zu erlösen, bewahrte keinen Baum vor Fällung.

Waldbrände wurden zunehmend abhängig von Streichhölzern aus Holz, Holz kontra Holz. Anfangs hatten sogar Radio und Fernsehen hölzerne Gehäuseverschalungen. Das Bundeswehr-Haarnetz von 1972, diese Konzession an naturbelassene Pilzköpfe, ward erneut verboten,obwohl Rekruten heute zum Einheitsschnitt kaum aufgefordert werden müssen. Statt Menschwerdung: Torsomachung. Soldaten sind hirnlose Kopfweiden. Offiziere und Generäle verschnittene Beschneider.

Menschen sind Bäume, die neben dem Ast, auf dem sie sitzen, eigne Äste absägen.

Schöne Waldeinsamkeiten

Aus Buchen wurden Bücher, Bild-Zeitungen und Bibeln. In ihnen stand immerhin manchmal zu lesen:

ULRICH HOLBEIN

»Anno 1539, am 11. tage Aprilis war Dr. Martinus Luther in seinem Garten / vnd sahe die beume mit tieffen gedancken an / wie sie also schőn / vnd lieblich blůheten / knospeten und grůneten / und verwunderte sich sehr darůber / und sprach / Gelobet sey Gott der Schőpffer / der aus todten verstorbenen Creaturen / im Lentzen alles wieder lebendig machet.«

Also doch wohl ein Anhauch entheogener Empfänglichkeit sogar bei Luther!?

Traumhafte Erinnerungszipfel an nie dagewesenes Paradies ließen sich weder plattwalzen noch ausrupfen. Nichts gegen Nachzügler-Ökologen und geklonte Esoteriker, die den alten Zwist heidnischer Baumvergötzer und baumfällender Christen stets parteilich sehen, andererseits lebten Germanen so nah am Wald, dass sie vor lauter Bäumen die Naturschönheit natürlich nicht im mindesten sahen. Christen aber, durch ihre Abwertung der Natur, sehnten sich umso mehr zurück zur entschwinden- den Natur.

Barthold Heinrich Brockes besang Krokusse schier inniger als deren Schöpfer – ein bekehrter Jäger wie Sankt Eustachius und Sankt Hubertus. Francesco Petrarca bestieg einen Berg ganz zweckfrei, nur um der schönen Aussicht willen. Humanist Johann Gottfried Herder sah die Pflanze auf dem Weg zu ihrer Humanisierung. Friedrich Hölderlin (abgeleitet von Holun- derbusch) sang sympathetisch: »Wie gern würd ich zum Eich- baum.« Der überaus beseelte Pflanzenphilosoph Gustav Theo- dor Fechner wurde vom Seelenleuchten der Blumen ergriffen. Vollbärtige Naturdichter wie Henry David Thoreau oder Walt Whitman verherrlichten Wälder und Gräser.

Karneval, Osterspaziergänge, zweiter und dritter Frühling, verspätete Früh- und Spätromantik, über mir rauschende, schöne Waldeinsamkeiten, die sichtlich den Deutschen deren

Vorfreude auf das anrollende Industriezeitalter prophylaktisch vermiesen wollten; dann Zuspätromantik – alles zusammen, summiert und potenziert, bildete ein Avalon, das sich gewaltig zurückmeldete und artfremde Intermezzi à la Jerusalem und Jericho überwucherte.

Doch kaum durfte germanischer Löwenzahn, der tausend Jahre versiegelt unter katholischem Straßenbelag ächzte, unverdrängbar hervorbrechen, legte sich unmetaphorische Asphaltkruste drüber. Denn Straßen sind Lebensadern unserer Wirtschaft.

Umso mehr sprach sich herum, nicht nur in Minderheitenkreisen, dass Wald etwas Schönes sei. Edle Wilde wie Robinsons Freitag, der tätowierte Harpunier Queequeg aus »Moby Dick«, Onkel Tom und Winnetou, schräge Vögel, Waldmenschen, Naturkerle und Naturburschen wie Struwwelpeter, Peter Pan, Papageno, wanderten als menschliche Nachfahren ungekämmter, gehörnter Vegetationsgottheiten – über die Zwischenstufe fahrender Sänger, Katharer, Druiden, Wiedertäufer, Barfüßer – durch die Lande; Kräuterhexen, Naturmystikerinnen, Blumennärrinnen, Quäker, Hutterer, Amischen, Pfadfinder, global parallelisiert mit Bettelmönchen in China, Sadhus in Indien, Sufi-Derwischen auf dem Weg nach Mekka.

Je mehr der grüngoldene Baum des Lebens in grauer Welt verblaßte, weil man immer TÜV-kompatibler vorwärtsknatterte, säurefester, streusalzresistenter, abgashärter, entseelter, desto spärlicher glühten, schimmerten, grünten schönere Zeiten und Lichtblicke durch den Smog der Ballungszentren, bedrohter, intensiver, samt raunender Holundermütter und Eschengeister.

Vielleicht säuselten die stillen, friedlich romantischen Waldkapellen, mit Bildstock und Rehkitz, mit heiliger Genoveva, Klostergärtlein und Blumenlegenden, durchaus atmosphärischer, versöhnlicher, zärtlicher, inniglicher, sowohl als dazumal arg machohaft ritualfixierte historische Thing-Plätze wie auch später dann als das unbehagliche Frühlingsopfer in »Le Sacre du printemps« und allzu technisierter Greenpeace. Idyllen und Spitzweg-Gartenlauben überboten den lapidaren Paradiesmythos an sentimentalisch aufglimmender Tränenseligkeit. Selbst relativ trockene Systematiker und Rubrizierer wie Carl von Linné hauchten der Pflanze ein Empfindungsleben ein. Im Rückblick avancierte sogar der Garten Gethsemane zum heiligen Hain, allwo ein Anhauch botanischer Lumbini-Wollust im Nachtwind gewährt worden sein könnte.

Vier, fünf, sechs berauschte Waldgeister

Gelehrte Sonderlinge des 19. Jahrhunderts, Sir James G. Frazer oder Oskar Dähnhardt, umtost von Holzwirtschaft, durchforsteten in jeweils gewaltigen Lebenswerken die Baumseelen-Mythologie ihres Heimatplaneten: Hanns Bächtold-Stäubli mit achtzigköpfigem Mitarbeiterstab, Wilhelm Mannhardt im Einmann-Verfahren, schmerzgepeinigt, ans Streckbett gefesselt, zudem extrem kurzsichtig. Eingeklemmt wie Luftgeist Ariel in schiefgewachsenem Holzstrunk, also schier mit unverdienter Dornenkrone, erforschte Mannhardt die Fesselung berauschter Waldgeister, die Einwohnung des Sonnengotts in der Sonnenblume, verschickte zehntausend Rundbriefe, ließ zurückkehrende Soldaten, ganze Bataillone aus Litauen und so weiter, vor seinem Bett antreten und interviewte sie über aussterbende

Feld- und Ackergebräuche, von Mädchenversteigerung im Wonnemond und dem Brautlager von Maiweib und Maimann auf dem Ackerfelde, bezog sämtliche Zeiten und Zonen ein, enzyklopädisch vom Adamsapfel bis zum Zeidelbast, quer durch Altsachsen, Oberpfalz, Wälschtirol, Masuren, Churrhätien, Sanskrit, Phrygisch, um arabische Elfen (Dschinne) kreisend, Holzfräulein (Waldnymphen) und Wassermuhmen (Meernymphen, ahd. ›muomila‹), um Hausgeister, die in Feldgeister übergehen, auf Baumstümpfen weinende Moosmädchen, Lenzbuhlen, Hamadryaden, Oreaden, Faune, Satyre, Silvane, Bockelmänner, Windsbräute (Concubina sacerdotis), Korndämonen namens Erbsenbock, Erbsenbär und Haferbock, bis hin zum Themenfeld Erntegekreisch und Panspermie der Pyanepsien.

Sir Frazer übernahm in seinem noch uferloseren »Der goldene Zweig« Mannhardts Theorie vom Frühlingsgott, Wachstumsgeist, Vegetationsdämon, der in so erbaulichen Gestalten, wie dem Hans im Grünen, dem Green Man, dem Grünen Georg, dem Pfingstlümmel, Pfingstbutz, Pfingstquack, Maikönig, Graskönig, Blattgesicht geopfert wird.

Vier dendromanische Geister umklammerten mit hunderttausend Wurzelfasern jeden Seitenzweig ihres jeweiligen Gesamtthemas und bildeten selber je ein knorriges, sonnenfleckdurchrieseltes, lichtgrünes Heiligtum immanenter Psychen, Genien der Baumleiber, Moosleute, Rebenweiblein, schwedischer Eschenfrauen, altpreußischer, lettischer, peruanischer, westslawischer Waldgeister.

Vier grüne Inseln, aus Blumenmädchenanhauch und Waldweben, schlichen sich ins strenge, später als naturfeindlich denunzierte, global verbunkerte, verbaute Backstein-, Grauwacke- und Beton-Christentum ein, jeder ein Wald-Dom für sich, den Wilhelm Mannhardt kaum durchwandern durfte.

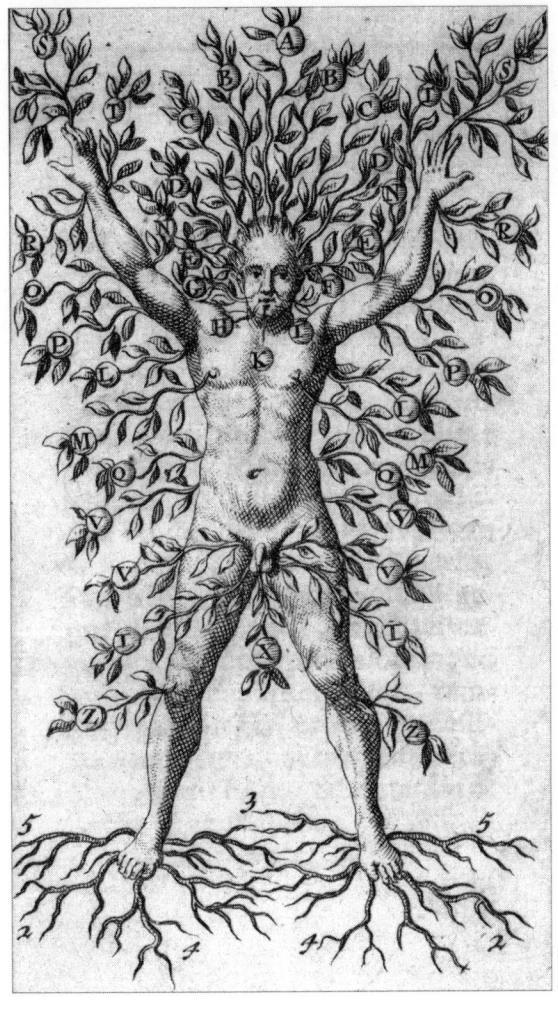

*Hans im Grünen, Green Man, Grüner Georg, Pfingstlümmel,
Pfingstbutz, Pfingstquack, Maikönig, Graskönig, Blattgesicht …
(John Case, Stich, 1696)*

MEHR GRÜN!

Die Bäume heiliger antiker Original-Haine hatten so für sich hingeraunt, unspezifisch bis undecodierbar; jetzt aber spielten wundersame Sonnenstäubchen in der Waldluft: Nerthuskult, Saturnalien, Thargelien, Dendrophoren, Oschophorienpompa, Samborios-Orgie, reanimierte Sagenkreise niegehörter Völker: Rumelier, Arachobiten, Badagas, Hetonen, Tamulen, wohltuend basiert auf Hesiod, Theokrit, Theophrast, Plinius, Sueton, Skogsnufa, Pausanius, Posidonius, Nonnos von Panopolis, Lukian de Syria, Charon von Lampsakos, Antonius liberalis, Zuccalmaglio, Hans von Waldheim 1474, Nithard 1237.

Torschlusspanik, Rettungen, Hamsterkäufe, Erntedankfeste. Sieben Minuten vor zwölf, kurz bevor Waldsterben weltweit loslegte, verfassten Trygve Gulbranssen und Ludwig Ganghofer ihre ahnungsvoll beschwörenden Titel: »Waldrausch« und »Und ewig singen die Wälder«. Das ewige Lieblingslied amusischer Holzfäller! Arthur Gusto Gräser, barfüßiger Erlöser und Morgenlandfahrer der Wandervogeljahre, von Spießbürgern als ›Kohlrabi-Apostel‹ verspottet, schwelgte in Wortprägungen wie ›waldverwandt‹ und ›Waldbold‹. Sprachbeherrscher Karl Kraus nannte Vegetarier Leo Tolstoi einen ›Grasfresser‹, als wär der so bespöttelnswert wie Gesundheitspropheten vom Schlag des Turnvaters Jahn.

Doch das scheinbar zahlreiche Erscheinen tröstlicher Weltverbesserer täuschte: Baumfreunde standen stets nur als Solitär auf dem freien Feld der Flurbereinigung oder als beschnittene Linde im zugepflasterten Bauernhof.

Von den Wonnen uferloser Graswurzel-Romantik

Strudel aus Seraphim, Cherubim, Rosenengeln wucherten hekatombenweise und kletterpflanzenhaft vor sich hin, schnellwüchsiger als Knöterich, von keinem geschaut, außer von Henoch, Erzgeisterseher Emanuel Swedenborg und Esotera-Esoterikerinnen, die mit Engeln beten – und ließen sich nicht aufhalten von Spielverderbern wie Diogenes von Apollonia oder Wang Dschung.

Paracelsische Sylphen, Gnome, Undinen, die in den Elementen wuselten wie Protozoen, Streptokokken, SARS-Erreger, von keinem geschaut, außer von Paracelsus, aufgegriffen und weitergepäppelt von Dr. Rudolf Steiner, der aus dem Stammbaum der Geistwesen visionäre Seitenzweige, Geiltriebe, Pfropfreiser hervorgehn ließ, aus Astralleibern, Ätherleibern und allerlei Ahrimanitäten – und ließen sich nicht aufhalten von Spielverderber Immanuel Kant, der kurz darauf Adorno hieß und äußerst hartherzige Thesen gegen den Okkultismus losließ: Ewiges Gezerre zwischen stringenter Aufklärung und dem süßen Brei heißer Non-stop-Mythologie – ein Possenspiel, das zum Glück aller Beteiligten, statt aufzuhören, sich uferlos verlängerte.

Nicht nur von außen kam der ewige Spielverderber und mäkelte. Magier Prospero selber zerbrach freiwillig seinen Zauberstab. Faust II., hochbetagt, tat es ihm nach und entfernte alle Magie von seinem Pfad.

Doch die Präcox-Romantik des »Sommernachtstraums« ließ sich davon nicht weiter stören: Queen Mab schwebte einher, in luftigem Haselnuss-Gespann aus Spinnweb und Heimchenbein, der Feenwelt Entbinderin im Hirn verliebt schlummernder, von Romeo träumender Julia, und schwebte weiter im Rokoko-Elfenzauber, koloriert von Christoph Martin Wieland, und im Reigen seliger Geister, vertont von Christoph Willibald Gluck. Sonnenstäubchen stiegen auf, unbekümmert um Qualitäts-unterschiede, schwebten über den Erdenkloß Hans Adam hinweg, und schon saß in der vervielfältigten Pfauenaugengondel, statt Queen Mab, eine immer putzigere Gesellschaft aus Pausbäckchen, Liebseelchen und Sonnenscheinchen, immer süßer und holder, zuckermandelsüß, kalt gesagt: immer kindchenschemabedingter. Immer nackter, teilweise pitschenackt. Männlein standen im Walde, nicht oft, aber immer öfter. Lautlos fuhr Schneckenpost durch Stahlstich-Schraffagen. Wassertröpfchen Binkleblink ging auf große Reise, wasserblau vorwärtsgepustet von mittelalterlich backenaufblasenden Sturmgeistern, gen Ägypterland, allwo grinsende Krokodile zwischen Schwalben und Palmen echte Krokodilstränen weinten.

Das Schlimmste, wodurch solch heile Welt erschüttert werden konnte: Blütenelfen betätigten sich als Nesträuber. Ansonsten saß der safrangelbe Vollmond immer weiter entfernt von kaltem Abendhauch und rauchte dort gemütlich sein Wolkenpfeifchen. Immer abgeschwächter schimmerten gotische Entitäten wie Incubus, Succubus und Alben durch französisch tändelnde Knoblauch-Vampire, Kobolde, Quellgeister und andere bewimperte und beflügelte Naturalien, die lautlos nach Vertrickfilmung schrieen. Anmutig bis flügellahm flatternde Putten, die unter Umgehung gefallener dantesker Würde-Engel an antiken Genien anknüpften und späteren Weihnachtsengelchen-Kitsch vorausahnten, nicht erst bei Raffaelo, schon bei Albrecht Dürer, lösten sich weitgehend auf im lasierten Schimmerlicht der Märcheninsel Cythera, gemalt vom impressionistischen

Watteau. Neuheidnisches Waldweben, vertont von Richard Wagner, floss aus einem Particell zwischen Plüschsophas und Zimmerpalmen.

Maschinenwelt und Märchenreich schoben sich ineinander und zeugten – Lachlust. Pegasus, der alte Traber, zum Steckenpferd nippifiziert, reimte sich auf einmal auf »O Muse, reiche mir den Stift, den Faber / In Nürnberg fabrizieren muss!«

Grandvilles gusseiserne Utensilia, Nachfahren von Lukianos' Zauberlehrling, bildhauerten und meißelten wacker am Finger Gottes. Bonbonfarbene Cupiden und Amoretten, talentvoll koloriert, tauchten auf Zigarrendosen von 1890 auf.

Kaum zuckte Mag Mell, die herrliche Ebene keltischer Himmelsringe, oder Tir Tairngire, das Land des Versprechens, in den diversen Pocketformaten von Otherworld und Anderswelt noch nach, verdünnten sich diese dann nochmal in Wonderland, beispielsweise dem von Alice. Um von da aus nochmal verdünnt aufzuschwellen zu Disneyland und Disneyworld. Allenfalls stand, als die Bilderbögen des 19. Jahrhunderts auf ihrem Weg zum Comicstrip flacher und bunter wurden, Wilhelm Buschs Bienenleben »Schnurrdiburr« weiterhin Gevatter für Ondrej Sekoras Ameisen-Ferdl, Waldemar Bonsels Biene Maja und Walt Disneys Jimminy Cricket. Andererseits, Schlaraffenland bediente lediglich den Wanst; Wichtelhausen aber durchseelte und erfreute, wie die Puppe in der Puppe, die Seele im Kind, das Kind im Mann, das Kind im Weib und nicht zuletzt das Kleinkind im Kind.

Dann aber fiel doch noch, bei aller Maschinenfreiheit, ein Sündenapfel in die Drollerien dieses zwitschernden, summelbrummelnden Paradieses in Fußhöhe, zwischen gnomische Kapriolen und Puckiaden, nämlich so: All die Wurzelkinder, Heinzel- und Haulemännerchen mit Pilzhut, Gaukelkinder

und Pustejungs, wohnten zwar im Land und Stadium der Un-
schuldslämmchen, dennoch jetzt schon förmlich im Startloch,
um Schuhe zu tragen, aus dem Hause Salamander.

Einerseits kamen Dampfschifffahrt und Klabautermann
sich zeitweise so in die Quere wie guter Mond in stiller Kam-
mer und – Gaslaterne. Aber noch öfter wurden aus Feldmäusen
bruchlos und nahtlos Stadtmäuse und Hausmäuse, wie aus Satyren Feldteufelchen.

Manch ein Wolkenguckerl hatte sichtlich wenig dagegen, in
Bälde auf ein Abgasschluckerl hinauszulaufen.

Elementarwesen des Paracelsus hatten dieselbe Global-
Ernüchterung und Verplumpung zu überstehn wie Gottes lind-
grüne Natur auf ihrem Übergang in betongraue Stadtlandschaft.
Schon sumpften mythologisch und ethnologisch ernstzuneh-
mende Gnome als Schlümpfe, Mainzelmännchen und Gartenzwerge weiter oder als Bambi aus glasiertem Ton oder Plastik.
Kontrollinstanzen wie Parkwächter und Schutzmänner hatten
alle Hände voll zu tun, nudistisch engagierte Dryaden im Stadtpark vernünftiger Tätigkeit zuzuführen.

Falls solche Rausschmisse aus augenzwinkernd geglaubten
Himmeln als Sündenfall noch nicht genügten: In Maurice Ravels
Zwerg-Oper »L'Enfant et les sortilèges« (Das Kind und der Zau-
berspuk) von 1925 zerstörte ein keckes, elterlich vernachlässig-
tes High-Society-Balg – Wilhelm Busch hätte gesagt: ein böser
Bube – das friedensäuselnde Garten-Biotop. Prometheus und
Horaz, die als Knaben Disteln köpften und mit Spazierstock But-
terblumen quasi ermordeten, wurden jetzt von Ravels L'Enfant
überboten, das, statt mit Hans Christian Andersens Zinnsolda-
ten zu spielen, ein Eichhörnchen einsperrte, eine Fledermaus
tötete, Frösche quälte und mit Messer, als halbwegs schuldfreie
Vorübung zu späterer, systematisch durchindustrialisierter

Holzernte, die Rinde eines Baums verletzte. Umwoben von Mondnacht, rauschte der Baum verletzlich auf, kostbar vertont, und sang herzergreifend »Ma blessure ... ma blessure!«

Ein Riss in der Schöpfung tat sich auf. Was ist unaushaltbarer: dass Bäumen ein Leids angetan wird oder dass sie in Wirklichkeit nur knarren und rauschen können, statt sprechen und klagen? Entweder verniedlichte das Kind die kandierte Nachstufe des Holzfällers Sankt Bonifatius, oder die Librettistin Colette spürte das ganze Menschheitsdilemma schon in der Kinderstube auf und gestand ein: Kinder können so grausam sein, verschönert mit trügerischer Katharsis: Das Kind bereute seinen altersgemäßen Übermut, legte den Kopf an die Rinde, hängte also, bevor der Sündenfall der Geschlechtsreife hereinbrach, den präcox angebissenen Apfel schnell wieder an den Baum zurück. Das Zauberwort lautete hier ›Mama‹. Die noch als Fee Dschemma, also praktisch als Baumnymphe, ihre schützenden Fittiche über das letzte Holzscheit der Schöpfung hielt, namens Pinocchio, Zäpfel Kern oder Borratino.

Bald kam es immer noch schlimmer. Unter den beseelten Lichtreflexen großer und übergroßer Kinderaugen, die alle pflegeinstinktbegnadeten Menschenkinder aufjauchzen lassen, lauerten im Fall animierter Elfen, vermenschlichter Tiere und personifizierter Abstrakta immer gleich robotnikhaft blicklose Facettenaugen, utopisch beborstete Abschreck- und Heuschreckgesichter unter der Lupe, inhumane Ungesichter.

Unterm erschröcklichen Rorschachgesicht, in das der Türklopfer im Kunstmärchen für den projizierfreudigen Studiosus Anselmus sich zu verzerren scheint, lauerte der nackte kahle gesichtslose Nichts-als-Türklopfer.

Das war und blieb die Crux solch entzückend überirdischer Wesenheiten, dass sie wie Gott an weitgehender Unsichtbarkeit laborierten, ständig angewiesen auf ihre malenden und dichtenden Übersetzer ins Sichtbare. Allesamt hingen und schwebte an der Verlängerungsschnur des Animismus, die zum Glück unversieglich nachfloss, allesamt gebettet aufs Blümchenkissen und Plüschsopha des Anthropomorphismus.

Zum Ausgleich für ihre Schwebepartikelähnlichkeit, sowie ihre mangelnde Erdenschwere, ja, womöglich gar für ihre unverzeihliche Nichtexistenz, überfluteten sie ihre Kundschaft mit dem Schein wimmelnder Wesenhaftigkeit, mit Fülle, mit Überfülle, ohne Nachschubprobleme. Trotz Trivialisierung und Diminutivierung in Richtung Pipifax, Hickhack, Klimbim, kunterbunter Kinkerlitzchen blieb alles weiterhin ätherisch, sylphisch, paracelsisch, also vielleicht doch nicht trivialisiert und infantil. Es sei denn, Paracelsus lief selber schon als abergläubischer Kindskopf herum. Wenn das alles nicht so sentimental wäre, so regressiv, so niveaufrei, so übersüßt, so rotbäckchenkompatibel, so volksmundig, wär's nur halb so schön.

Je weniger Bäume in den Himmel wuchsen, also je öfter die Kirche im Dorf blieb, im Global Village, desto sehnsüchtiger ringelte sich die Bohnenranke des Märchens gen Himmel, und Micky, Goofy und Donald, im Schlaf hinaufgetragen von wachsenden Tentakeln, und deren störbeschleunigten Ein- und Ausrollbewegungen, gelangten zumindest bis zur Mondgöttin Luna, wenngleich bloß auf Unterhaltungsebene.

Die neueste Inkarnationsstufe paracelsischen Kleinzeugs, zeitgemäß getaucht in Design-Flair und Kunstkarten-Atmo, bilden die in Blumentöpfe, Blumen und Erbsenschoten verpuppt schlafenden Wohlfühl-Babys von Anne Geddes, drunten im Garten, süßer als Nutella und Haribo. Hier legte der gestolperte Putto-Kitsch ganz besonders schnuckiputzige Fingerchen und Däumelein auf die Wunde der gefallenen Engelskunst.

ULRICH HOLBEIN

Noch öfter wurden aus Feldmäusen bruchlos und nahtlos Stadtmäuse
und Hausmäuse, wie aus Satyren Feldteufelchen.
(Jost Amman, Holzschnitt, 1599 posthum)

Schwarze – statt grüne – Erleuchtung

Alle holden Lebensbaum-Motive, so herztröstend wie lebenswichtig, hatten in seriöser, ernster, authentischer Kunst und Literatur wenig verloren – und nicht viel zu suchen. Aber auch Arnold Böcklins heilige Haine machten willfährig Platz für Vincent van Goghs abgestorbene Rumpfleichen.

In der Natur kommen Raupe und Froschkönig vor Schmetterling und Prinz. Im Bilderbogen der Geistesgeschichte verlief die Sache genau umgekehrt: Zuerst ein schmetterlingsdurchgaukeltes Paradies, dann raupenhaft schuftende Arbeitsgesellschaften.

Hochwälder mutierten zum Dickicht der Städte, lianendurchflochtenes Biotop zu Atennenwäldern verdrahteter, verkabelter Stadtlandschaften, Pflanzenteppiche zu Lärmteppichen, Dornenbüsche zu Stacheldrahtzäunen.

Innen in ihren Steinwüsten saßen Menschen, die Stein entweder kalt und seelenlos fanden, oder sich mit diesen betongrauen Angreifern identifizierten.

Buddhistische Erleuchtung sah im 20. Jahrhundert arg anachronistisch aus. Trotzdem setzte sich Jean-Paul Sartre, bzw. sein Protagonist Antoine Roquentin im Roman »Ekel«, 1938, im Stadtpark von Bouville (= Dreckstadt) bzw. Le Havre, unter einen Baum, also eigentlich als potenzieller Buddha, wenn auch, statt im Yogasitz, auf eine öffentliche Parkbank, statt als Königssohn, in Knechtsgestalt.

Also in aufgeklärten Zeiten, in der mit Recht keiner mehr an Gnome glaubte, kauerte unter einer Kastanie, statt unterm

Baum der Erkenntnis, ein schielender Gnom, ein Froschkönig, ohne Aussicht auf Karriere als Prinz. Er meditierte, philoso- phierte, formulierte, doch die Erkenntnis, die dabei herauskam, öffnete kein Auge, erhellte nichts, beklemmte scheußlich, fies und mies.

Platonisches Staunen blieb aus. Dämonisches Schaudern keimte auf.

Da verübelte einer, statt sich von Astlöchern angeguckt zu fühlen, den schwankenden Ästen deren blindes Tasten. Einem Unschönen kam ein Baum hässlich vor. Ein Ekelpaket proji-zierte Ekel auf den eigentlich letzten Trost friedlicher Pflanzen-welt, als wenn's Würmer, Spinnen, Ratten wären – welch un-rühmliches Novum.

Gegensätze zogen sich hier nicht an; Gleich gesellte sich zu Gleich.

Andere klammerten sich an glückauslösende Abstrakta wie Nirwana, Dao, Allah oder Dada. Sartre warf in schwarzer Er-leuchtung, seinem Existenzialismus zuliebe, den schwarzen Baumwurzeln, die er »knotig« und »absurd« nannte, ein Zuviel an Existenz vor, ein viel zu aufdringliches Sein, ausgerechnet ein solches.

Kälter noch als Diogenes von Apollonia, der den Pflanzen das Denken absprach, sprach Sartre den Bäumen, gnadenloser als Jesus, negativer als Mephisto, jedes Existenzrecht ab, jede Anmut und Würde. Seine Schwarzseherei und Verunglimpfung verewigte er dann auf nicht ganz holzfreiem Papier und wurde dafür berühmt. Schlimmer als Nikolaus Lenaus Mephisto, der die schöne Mutter Natur als »grünen Plunder« abtat, ent-setzte Sartre sich über die überall herumhängenden »grünen Pfoten«der Vegetation. Schlimmer als König Knut der Große oder vormals Sankt Bonifatius!

Springbrunnen, die bei Eichendorff von schöner alter Zeit rauschten, produzierten neuerdings nur ein »glückliches Röcheln« – igitt! Wie unverzeihlich, wie krank, wie seinerseits absurd!

Theodor W. Adorno schlug in dieselbe Kerbe, indem er selbst bei blühenden Bäumen Schrecken fühlte. Diagnose: Waldphobie des Rationalismus. Bei Samuel Beckett dann kam die Weltesche ultimativ zum Baumgerippe runter. Dürr. Zweiglos. Stand auf kahler Bühne herum. Mit letztem Blatt. Sinnlos hoffnungsvoll. Falls darin nicht ein Credo für Mischwald und Hochwald steckt, lief geistesgeschichtliches Waldsterben reellem Waldsterben durchaus voraus. Baumhass in allen Gesellschaftsschichten brutalisierte sich bis hin zum US-Präsidenten Ronald Reagan: »Trees? Trees? Fuck the trees! We don't need goddamn fucking trees! We can do without them!«

Sartre und die Folgen? Dann hätte ja Reagan Sartre lesen müssen. Er kam ohne ihn aus. Sartre wie Reagan lagen bloß voll im Trend, lebensspendende Pflanzenwelt als dendrophoben Alptraum zu verbuchen, mit und ohne Reagan oder Sartre. Man erwartete den Rückschlag und Angriff ausgelagerter, draußengehaltener Pflanzenwelt mit der Kollektivangst vor Löwenzahn, der jeden Highway eines Tages aufbrechen wird.

Global-Ernüchterung

Um das ganze Ausmaß physiognomischer und sonstiger Hässlichkeit auszukosten, erfand man den Fotoapparat.

Aber auch Arnold Böcklins heilige Haine machten willfährig Platz für Vincent van Goghs abgestorbene Rumpfleichen.
(Vincent van Gogh, Federzeichnung, 1881)

Da die von allein vorhandene, übermächtige Hässlichkeit der Welt offenbar keinem genügte, wurde alles Schöne, von der Architektur bis zum Zebrastreifen, entfärbt, entsüßt, vergällt, seiner selbst beraubt, so weltweit wie möglich.

In toto ging alles, was auf den Hund kam, den Bach runter. Die Maxime der Zivilisierung hieß: Weniger grün! Sechs Wochentage lang randalierte man als Naturbeherrscher, um sonntags die beherrschte Natur mit Naturverbundenheit zu belästigen. Wandervögel und Waldläufer mutierten zu kurzhosiger Landplage in Jogger-Gestalt. Neuzeitliche Nüchternheit, kurz: NN, infizierte und imprägnierte alles. Dschungel domestizierte sich zu englischen Gärten. Französische Gärten flachten ab zu Golfplatz-Rasen. Ewig singende Wälder ernüchterten sich zum Naherholungsgebiet. Tausendjährige Baumgestalten bekamen ein Brandmal aufgenäht: ›Naturdenkmal‹.

Das klassische Bauernhaus depravierte zum Wohnblock. Der Gartenarchitekt kam runter zum Einkaufsstraßendekorateur. Der persische Tulipan wurde zur Massentulpe aus Holland. Hummeldurchbrummelte Blumenwiesen sanken ab zu Rasen und Nutzfläche. Fußabtreter- und Teppichboden-Ästhetik verlängerte sich bis in die Vorstadtgärten. Sanktuarien säkularisierten sich zu Naturschutzgebiet. Der heilige Hain profanisierte zum Stadtpark. Grünanlagen verblichen zu Grauanlagen. Stadtbegrünung schrumpfte zum Straßenbegleitgrau. Denn Straßen sind Lebensadern unserer Wirtschaft.

Das Verbot, im heiligen Hain Zweige zu brechen, wurde beibehalten: »Public urination strictly forbidden!«, »Hunde bitte an die Leine nehmen!« »Diesen Park bitte nicht mit Blumensträußen betreten!« Wälder wurden Rohstoffquelle. Statt Baumgeist: pragmatischer Geist, vernünftige Forstwirtschaft, Stangenholzplantagen, Fichtenmonokultur, preußisch in Reih und Glied.

Wer im Verzeichnis lieferbarer Bücher Titel nach ›Baum‹
sucht, stößt – neben neuen tollen Baumwollunterhosen und Mas-
sivholzmöbeln – meist auf ›Baumaschinen‹, ›Baumaßnahmen‹,
›Baumaterialien‹, ›Baumodelle‹, ›Baumechanik‹, ›Baumethodik‹,
›Bruno Baumann‹, ›Baumängel‹, ›Baumärkte‹ und ›Baumeister‹,
oder auch auf: ›Lass deine Seele baumeln‹.

Private freiwillige Naturverbundenheit hilft da wenig.

Entwurzeltes Stadtleben klammert sich an Wachs- und
Schnittblumen-Industrie, als wenn's Natur wär, zwischen Ab-
raumhalden und Planverwirklichungsgeboten. Bausparer, die
nichts gegen Bäume haben, degradieren Bäume zu Sauerstofflie-
feranten, Staubfängern, Schallschluckern, zu erntbarer Lebend-
masse mit schrumpfender Reststandzeit. Institutionen, die sich
für mehr Stadtgrün löblich einsetzen, kreisen um Landschafts-
verbrauchsbegrenzung, um Umweltverträglichkeitsprüfung im
Kommunalbereich, um Grünerhaltung als grundstückswerter-
höhende Wohnumfeldverbesserungsmaßnahmen.

Selbst beherzte Einzelkämpfer wie der Baumpfleger Philipp Funck, die sich bei baumfeindlicher Majorität immer un-
beliebter machen, indem sie in Gutachten nachweisen, dass
ramponierte Linden wie die im nordhessischen Homberg an der
Efze, die gefällt werden sollte, obwohl schon Luther unter ihr
gepredigt hatte, noch hundertzwanzig Jahre lang leben können,
agieren so bartlos, keimfrei und nützlichkeitseffektiv wie jene
Baumbesitzer, die eine hundertjährige Linde unbedingt dringend fällen wollen, weil sie neben einer zehn Zentimeter ent-
fernten Mauer steht, und denen Philipp Funck dann akribisch
beweist, dass die bedrohte Linde, die in diesem Alter ihr Wur-
zelwerk nicht weiter ausbreitet, radial zwei bis drei Millimeter
pro Jahr wächst, sie also die bedrohte Mauer erst in fünf Jahren tangieren würde, wobei eine neue Mauer 4000 Euro kosten

würde, der Wert einer solchen Linde sich hingegen auf 20 000 bis 30 000 Euro beläuft.

Auch Gartenfreunde, die Bäume nicht nur stehenlassen, sondern angeblich abgöttisch lieben, staffieren ihr Häuschen im Grünen mit Waschbetonplatten, Doppelgaragen, Industriekies aus.

In summa: Alles so baumgeistlos. Baumgeist bleibt aus, trotz Wiederaufforstung. Pflanzenseele säuselt und rauscht kaum noch, jault lautlos, ergraut eingestaubt. Ein Privatparadies nach dem anderen reicht nicht mal mehr einem verlorenen, abgeflachten, verdorbenden Paradies an die Schulter.

Wie die Grünen viel zu früh ergrauten

Warner, Mahner, Leuchttürme, Lichtsäulen, Untergangspropheten, Technikgegner, Denker, Vordenker, Kämpfer erhoben sich – von Ludwig Klages und Theodor Lessing über Prof. Grzimek, Herbert Gruhl und Petra Kelly bis hin zu Eugen Drewermann, Franz Alt und vielen anderen mehr – und siehe, sie verhallten nicht gänzlich ungehört.

Man versuchte, gegen Global-Ernüchterung anzukommen: Fleischesser aßen kein Fleisch; Energiesparer sparten Energie; Mülltrenner trennten Müll; taz-Leser lasen taz.

Augenöffnende Ausstellungen der Gesellschaft für ökologische Forschung, München, Fotobildbände, die das fatale Design heutiger Toreinfahrt- und Privatgartengestaltung anprangern und hyperplausibel vorführen, Bücher über Autowahn und ver-

schandelte Alpen, wurden in x Auflagen seit 1983 optimal ver-
breitet.

Nur walzte die Liga der Wochenendgärtner und Fleischesser
ungewandelt über alles hinweg.

Immerhin: Die Alternativbewegung schwoll innerhalb des
Wirtschaftswachstums kurz auf und ab. Nur blieb der Unterschied zwischen Technik und sanfter Technik höchstenfalls mi-
kroskopisch.

Holzfäller fällten Bäume.

Militante Tierschützer sägten Hochstände an, um Rehe zu
schützen, also Wildbiss zu vervielfachen, also junge Bäumchen
eingehen zu lassen, oder zerdepperten die Scheiben von biolo-
gischen Metzgereien, oder retteten eine Katze, wurden von ihr
gebissen und starben an Tollwut.

Holzfäller fällten Bäume.

Ökochonder litten an eingebildeter Smogbelastung. Öko-
Diktatoren steckten Untertanen in Umerziehungslager, sobald
man heimlich Auto fuhr oder Wurst aß – innerhalb von Roma-
nen und Filmen. Punktueller Autoverzicht rüttelte nicht an den
Bilanzen. Selbst konsequente Energiesparer zogen aus ihrer
Tiefkühltruhe, statt sie abzuschaffen, allenfalls zeitweise den
Stecker. Sie schwammen bloß auf einer Modewelle mit.

Jeder war gegen unnötiges Abholzen. Aber alle hatten was
gegen ungebleichtes Umweltpapier.

Waldsterben, allzu schnell ausgelutscht, lockte nach kurzem
kaum noch wen hinter seiner Zentralheizung hervor. Schwei-
nepest, Rinderwahn, Salmonellen, nichts konnte die 92 Prozent
täglicher Fleischesser auf 89 Prozent drücken. Während ein-
gespannte Freidenker gegen Legebatterien kämpften, kämpften Wohnblock- und Etagen-Käfig-Bewohner für freilaufende
Hühner, mit dem Resultat, dass die Abschaffung der traurig

berühmten Hühner-KZs stets weiter rausgeschoben wurde, mal hieß es 2002, mal 2006, auf dass die Eierindustrie Zeit bekomme, ihr monströses Gewerbe ins Ausland zu verschieben.

Harmlose Metzger wurden mit geisteskranken Mördern verglichen, von feministischer »Emma«, deren Chefin Alice Schwarzer dann aber bei Fernsehkoch Alfred Biolek Hühnchen in Zitronensoße bereitete. Feministinnen, statt sich zu feminisieren, mutierten zu eisernen Ladys und Männern, wie Grüne zu Kriegsbefürwortern.

Entertainer Thomas Gottschalk, dessen McDonalds-Hamburger-Verzehr man ihm – während der vorübergehenden ›Rettet-den Regenwald!‹-Mode – noch vorübergehender krummnahm, wurde insgesamt noch beliebter.

Autos wurden immer abgasarmer, Ozonlöcher immer größer. Emanzen emanzipierten sich und wurden schwanger. Startbahn-West-Gegner kämpften imposant gegen Flugplatzvergrößerungen, um alsbald noch öfter im Jet erwischt zu werden als nichtalternative Normalverbraucher und um ansonsten als jene ADAC-Mitglieder weiterzukutschen, die sie insgeheim vorher schon waren. Parlamentarier in Turnschuhen starben, neben dauerboomendem Dinokult, so gut wie aus.

Alternative Massen verebbten.

Weitergerollte bunte und grüne Äpfel rollten zum mausgrauen Stamm zurück.

Die Sonnenblume der Grünen verlor Blätter und Kerne.

Die untergehende Titanic oder die gar nicht erst aufsteigende Challenger, die zwar als Estonia oder als der ICE von Eschede auch in Zukunft untergehen wird, steigt in unbegrenzbarem Wachstum als Staudamm der Zukunft immer wieder aus dem Ozean abschmelzender Pole auf.

Flieh! Auf! Hinaus ins weite Land!

ULRICH HOLBEIN

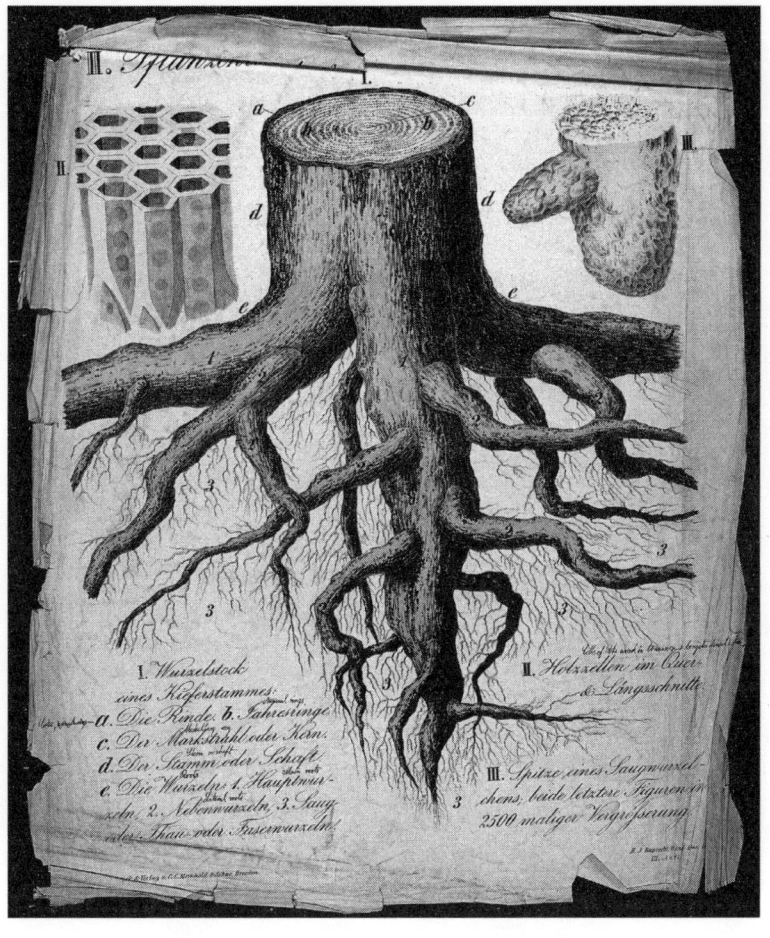

Wälder wurden Rohstoffquelle. Statt Baumgeist: pragmatischer Geist ...
(C. C. Meinhold & Söhne, Lithografie, um 1850)

Betonwüstenflüchter können hoffen auf »Unser Dorf soll schöner werden!«

Kaum aber fährst du zurück zum Busen unverschandelter Natur, mit Rapsöl, zwecks Umweltschonung, zumindest mit Katalysator, erwachen – statt heitere – sehr gemischte Gefühle bei der Ankunft auf dem Lande.

Die Ökowelle, in den Ballungszentren allzu vorschnell verebbt, kam in der Provinz sowieso kaum an, oft sogar überhaupt nicht, ja: nicht im allermindesten. Da hat nichts geläutet, trotz aller TV-Gartentips, Sturmwarnungen und Heimatverschönerungen. Eher förderten Marder, die Autokabel durchbeißen, den Grünenhass ländlicher Bevölkerung. Zwecks Verunsicherung und Auslöschung der allerletzten grünen Narren, häuften sich alsbald Bücher von Wissenschaftsjournalisten, die sich Öko-Realisten nannten und permanent Entwarnung bliesen: Flüsse seien sauberer als neulich noch, Wälder dichter und holzreicher. Keine Verpestung, mit der die Erde nicht auch noch fertig würde, mit links. Auf 7 Milliarden Menschen kommen 350 Milliarden Bäume

Selbst das China-Auto wird das Weltklima kaum stören. Denn irgendwelche Vulkane machen noch viel mehr Dreck als alle Endlager und Müllberge zusammen.

Schlimmer als heutige Bulldozer hielten einst Wisent und Mammut ganze Regionen waldfrei.

In Kürze wird die Erde 7,7 Milliarden Bürger tragen, ansonsten aber verläuft die Bevölkerungsexplosion nicht ganz so dramatisch wie befürchtet. In den Tropen, in denen um 1985 pro Jahr 15,4 Millionen Hektar Tropenwald gerodet wurden, werden seit 1990 nur noch 13,7 Millionen Hektar pro Jahr gerodet.

Waldsterben, zunehmende Sturmschäden, Ozonloch, Klimadesaster, alles zwar nach wie vor eklatant und irreversibel, aber nur halb so fatal, wie auf dem Highpoint der ersatzlos gescheiterten Öko-Bewegung zunächst an die Wand gemalt.

Die letzten grünen Gerechten und Mohikaner saßen fest in ›grünem Altersstarrsinn‹, als Übertreiber und Hysterikerinnen, als Alarmisten, lächerliche Gestalten, Sündenböcke, paranoische Deppen, als ›mediales Panikorchester‹, das sich jahrelang in voreiligen Entrüstungsstürmen an Pelztierhandel, Überbevölkerung und Waldsterben aufgeilt hatte, so apokalyptisch wie möglich, reingefallen allesamt auf Umweltethik, Grenzen des Wachstums, stumme Frühlinge, Club of Rome, global 2000, Indianerhäuptling Seattle – dessen baumfreundliche Rede von Drehbuchautor Ted Perry gefakt worden war – und auf Animal Peace.

Plötzlich hatten ausgerechnet alle, die immer schon unbesorgt abwinkten mit »Alles nur halb so schlimm«, recht gehabt. In den ab sofort erfreulich unverpesteten Lüften lag der Applaus all jener Verbraucher und Verursacher, die beim Abgasablassen noch nie Gewissensbisse spürten, ab sofort aber Grund hatten, überhaupt kein Abgas mehr zu filtern, besten Gewissens, frei Haus ausgestattet mit x brauchbaren Argumenten des Öko-Optimismus.

So konfrontierten die Öko-Realisten die Öko-Bewegung mit unglaublich günstigen, rundum beruhigenden Zahlen, ohne ihr zugutezuhalten, dass ebendiese Zahlen vielfach das Produkt ebendieser exzessiven, unangemessenen, pathologischen Frühwarnungen, Totmeldungen und Wachrüttelungen sind.

Vom insgesamten Weltbild her, brachten Öko-Optimisten keine weiterführendere Message mit als das Credo, dass der Kühlschrank die segensreichste Erfindung der fleischfressenden Neuzeit sei, eingesenkt in den Konrad Lorenz'schen Kältetod des Gefühls.

Doch wer will phantasielos in so ein aseptisches himmlisches Jerusalem einwandern?

Die ekelhaft optimistischen Zahlen können nicht die Wahrheit sein, auch wenn sie zuträfen. Sie treffen garantiert zu, aber just dies ist das Schlimme an ihnen.

Die Welt kann noch so sehr übrigbleiben im Kuhhandel um ihren Untergang – apokalyptische Ideale wollen nicht im Stich gelassen werden.

Lieber mythologische Vehemenz, und Kassandra und Jeremias am längeren Hebel, als unapokalyptische Belanglosigkeit.

Die innere Wahrheit apokylptischen Geists wurzelt in der Elegie des Individuums, das im Kosmos trudelt, todgeweiht, und das gern in eigener Person überleben würde.

Im Weltende beweint ›der Mensch‹ bloß seinen privaten, kaum maßstabsvergrößerten Exitus. Im Rundhorizont der Zeugen Jehovas steckt mehr verzerrte Wahrheit als in erfreulich korrigierten Öko-Zahlen.

In der Träne abkratzender Menschenkinder, vergossen im hautkrebsbefallenen, erodierten, ausgemolkenen, zersiedelten Jammertal, liegt mehr Anmut und Würde als im textadäquaten, optimismusgetragenen Lachen, das manch ein Öko-Realist auf seinem Klappentext zeigt.

Mutti Natur konnte vielfach sehr für sich selber sorgen und machte Natur- und Artenschutz immer unnötiger. Die Populationen dezimiert geglaubter Tierarten wuchsen unaufhaltsam. Immer öfter wurden im Stadtbild jene Omas gesichtet, die sich wieder Fuchspelze umhängten, inmitten der Wiederkehr der Wölfe, Wisente, Pockenviren, Seuchen, Zauberer mit baumelnden Klauen!

Nur mit der Wiederkehr der – nur noch halb so grünen – Grünen haperte es doch erheblich. Resistente Exemplare mutierten zu Extrem-Ökosekten, Neo-Luddisten und Unabombern. Ach ja, als die Grünen noch grün waren, waren sie nicht grün genug – von der Pflanzenseele her gesehen.

Steigenden Holzverbrauch hat's immer schon gegeben, aber sowieso inexistente Baumnymphen gab's auch früher nicht.

Frau Saubermanns Dorf soll schöner werden

Neuzeitmänner übten sich ins Kante-auf-Kante-Denken ein.

Die emsige Landfrau übertrug Putzfimmel und Küchengeist auf Hof und Kartoffelgarten.

Schon standen anstelle lebendiger Gartenhecken als Gartenbegrenzung Spinat-Tiefkühlblöcke herum, stocksteif, staubfrei, geometrisch, abwaschbar.

Statt Bauerngärten oder Gärten: Dachgärten auf Saniermasse, Frau Saubermanns Geranienpott-Balkonien, abhängig von Zaunhöhe, Abstandsfläche, Genehmigungsbehörde. Stellplätze für Blaufichten, Prestige- und Fließbandpflanzen, Windschutzhecken, Kunstnatur, Konservengrün. Leergefegte, nacktrasierte Plattformen der Pedanterie. Triumph des rechten Winkels. Leben im Planquadrat. Ordnungsfanatismus, Serienlandschaft, Maschinensteppe. Naturliebende Schrebergärtner und Pfropfreisveredeler halten ihre Parzellen kahl. Im Frühling und Sommer mit Gartenfräse, Kreis-Kettensäge, Motorsense, Rasenkantenschneider, Gartenhäcksler. Hochdruckreiniger gegen Moos. Im Herbst mit Laubsauger und Laubbläser. Im Winter mit Schneefräse. Auf schnurgerade geführten Plattenwegen.

Lokalblätter und ›Mitteilungen an Gartenpächter‹ warnen rechtzeitig vor ›schädlichem Samenflug‹. Bereits ab Januar geht man allen Bäumen, ab Februar allen per Motorsäge erreichbaren Vogelbüschen, die sich vom Vorjahr kaum erholt haben, an Leder und Kragen und Gurgel, und allen Weidenkätzchen, dieser ersten Bienennahrung.

Nieder macht man, rodet aus, kupiert wenigstens, onduliert!

Nicht zuletzt fielen alle auf Rasenmäherwerbung herein, die sich im Blumenkatalog stets monumental repräsentiert. Wer nicht mitmäht, kriegt Kollektivdruck der Gartenkolonie zu spüren, nette Zaunnachbarn mit Gartenschlauch, Zwiebelgeschenk und Sonnenhut: »Hammse diese Woche noch gaanich gemäääht?«

Kein erster Sonnenstrahl im März, an welchem nicht jeder Gartenliebhaber zuverlässig als erstes seine Maschinen aus dem Schuppen holte. Wenn schon Geiltriebe und Seitenzweige wie Butter abgehen, dann gehen Äste, Lebensadern und Stämme genauso leicht ab.

Die haarfeine Trennlinie zwischen Obstbaumbeschneiden und Verstümmeln wird gern überrollt.

Wer Obstbäume hat, behandelt auch Eschen und Blutbuchen als Obstbäume. Wer mit Beschneiden anfängt, leckt im Rausch, weiterzumachen, Blut: erst die Vorhaut, dann die Bürgerrechte. Körperpflege mutiert zur Säuberungswelle. Gärtner werden Roboter, die Hirnwindungen und Darmschlingen glattbügeln wollen. Verkauf von Fußgängerzonen-Eternit-Kübelpott-Krüppelkoniferen boomt. Sie eroberten auch heimische Veranden und Rasurgärten.

Bereits in Dostojewskis Gesamtwerk – weitgehend pflanzenfrei – standen auf den Datschen Kübelpflanzen herum, so trostspendend wie restlos trostlos.

Steigenden Holzverbrauch hat's immer schon gegeben, aber sowieso inexistente Baumnymphen gab's auch früher nicht.
(Jost Amman, Stich, 1568)

Hier einige Beispiele nur allein von hier, aus dem schönen Drückeberg im Land Hessen:

Frau Saubermann raufte neulich ihre Pfingstrosen ersatzlos aus. Begründung: »Die machen nur Dreck!«

Bauer Nickel sägte eine fünfzigjährige Eiche ab, die weder Dreck noch Schatten auf sein Futtermaisfeld warf. Weder verfeuerte er das Holz noch transportierte er den Stamm ab. Der einzige Grund für sein Tun: »Wächst doch widder nach, das Zeuch.«

Andere Gründe bei vergleichbarem Kahlschlag: »Is' doch nur Unkraut«, »Meine Frau hat Heuschnuppen!«, »Bäume gehören in den Wald.«

Eicheln sind halt nicht essbar.

Frau Saubermann amputierte ihrem Kirschbaum alle Äste bis auf zwei Hauptstämme – obwohl er jedes Jahr überreich Früchte trug und Kirschen essbar sind. Grund: »Die Vöjel picken sowieso alles weg.«

Ohnedies essen Drückeberger ›Kinner‹ ausschließlich Schokoriegel. Obst dient allenfalls als Wurfgeschoß. Der im Umkreis von zehn Kilometern zufällig stehengelassene letzte Kirschbaum, der letzten Sommer als einziger Kirschen trug, gänzlich unabgeerntet, wurde jetzt auch beschnitten, so dass man ohne Leiter nicht mehr an die Kirschen kommt.

Die Nachbargemeinde holzte dreißig gesunde Kirschbäume ab. Statt einer ungenutzten Kirschbaumplantage besitzt man nun ein nutzloses Brennesselfeld mit Baumstümpfen.

Obwohl Korbflechter ausstarben, heißt es weiterhin: »Weiden muss man beschneiden! Die sind drauf angewiesen!« Und zwar unter jeder Gürtellinie.

Von sechszehn geköpften Kopfweiden trieb nur eine nochmal kläglich aus. Die letzte Mohikanerin steht nun als einzige knapp Überlebende neben den fünfzehn Kurzmumien ihrer Familie.

Immer, wenn hier jemand neu ein Haus bezieht, wird als erstes im Garten der größte Baum gefällt. Eine russische Auswandererfamilie legte zum Einstand ihre japanische Muschelzypresse um, ein palmengartenreifes Geschöpf,und ihre sieben Meter hohe Atlaszeder. Grund: unrecherchierbar. Erschwerte Sicht auf die immer stärker befahrene Ortsstraße? Man hat halt die Maschinen. Auf die bauchhoch stehngelassenen Stümpfe wurden knallweiße Plastikpötte gestellt, mit Stiefmütterchen.

Gartenfreunde haben zwar Schiss vor der verbrannten Erde der Türken vor Wien, doch statt überrannt zu werden, überrennen sie lieber selber, rotten ungehindert im eigenen plattgemachten Gärtchen Unkraut und Kraut aus, mongolisch mit Stumpf und Stiel.

Sage übrigens niemand, in anderen Milieus sei irgendwas anders!

Wer den ersten Stein auf Drückeberg werfen will, durchforste den eigenen Gerätepark und halte auf der Doppelhaushälften-Veranda Ausschau nach Pusteblumen und Knallerbsen. Keine Villengegend ohne allsonnabendliches Dröhnkonzert. Ob Hochschulreife oder nicht: Wer Brennschere oder Säge anwirft, will sie so schnell nicht wieder ausmachen.

Eine Ärztin, die in ein holunderumblühtes Landhaus bei Drückerberg einheiratete und die die superweißen Zimmer zu dunkel fand, leitete eine kostenintensive Radikalkur ein – anschließend litt sie an der Sonne, die unaushaltbar prall auf die befreite Hauswand knallte.

Die Westschweiz verleiht Preise, statt für den schönsten Garten, für den saubersten. Also für die mit Lineal gezogensten, autobahnartigsten Betonwege und die kletterpflanzenlosesten

Grenzmauern. Man will schließlich nicht zurück auf die Bäume, lieber vorwärts in die Mondkraterlandschaft.

Baumhass und Biotop-Optimierung

»Nie war der Baumhass größer als heute!«, klagen zeitgenössische Beobachter.

Weil ein Anwohner die Fällung der letzten drei Bachufer-Erlen im Erlenweg nicht genehmigt bekam, bohrte er sie an und goß eine Chemikalie in die Bäume. Um Nachahmungstäter einzudämmen, wird die Methode hiermit geheimgehalten.

Die Beobachtung, dass Bäume neben kupferhaltigen Leitplanken leiden, veranlasste nekrophile Baumvergifter, in Bäume, deren beantragte Entfernung nicht genehmigt worden war, Kupfernägel zu schlagen – Nachahmungstäter lesen dieses Grünbuch sowieso nicht.

Firmen, die Bäume nach wie vor in Nacht- und Nebelaktionen entfernen, lassen sich von Firmen, die am Schadensersatzleisten zugrunde gingen, immer seltener abschrecken.

Selbst ökologisch vorbelastete Forstämter wurden infiziert. Heilige Buchenzwiesel weichen vom Stangenholz-Standard ab, also: halbe Rübe ab. Wilde Honigbienen starben aus, weil morsche Bäume entfernt werden. Steinkauz, Wendehals und Specht hangeln am Rand ihres Überlebens herum. Waschbären müssen sich Notunterkünfte suchen, wie Reisighaufen. Kommentar eines sensiblen Drückeberger-Landschaftsüberwachers: »Der gehört sowieso nach Amerika.«

ULRICH HOLBEIN

Nach der Bauernregel: Bäume gehören in den Wald und Neger nach Afrika.

Gartenfirmen, die ihre professionelle Punker-Extremstutzungen, in denen christliches Sadomaso in Abhackmentalität übergeht, als Baumpflege verkaufen, machen dreihundertjährige Eichen, zwecks Geräte-Amortisierung und um höhere Rechnungen stellen zu können, immer rigoroser und öfter als nötig zu Rumpfleichen und Dorflinden zu Kopfweiden und Trauerweiden zu Schirmakazien und Kopfweiden zu kopflosen Kopfweiden. Oft mit dem Vorwand: Bei Wind könnte ein Zweiglein auf parkende Autos fallen, vor allem »auf spielende Kinder«. Verkehrsgefährdung.

Warum werden dann aber genauso oft Birken, die gar nicht in die Straße ragen, zu zweiglosen Wäscheständern gemacht?

»Damit wir mit unsern Maschinen drunner durch können.«

Denn Drückeberg mäht seine öffentlichen Rasenflächen auch dann, wenn das Gras nur zwei Zentimeter nachwuchs. Wenn Rasentraktor und Rasenkehrmaschine verrichteter Dinge abziehen, kommt ein LKW, der mit Getöse ein Grashäufchen, das auf zwei Schubkarren ginge, per Ladekran auflädt.

Schildbürger schossen mit Kanonen auf Spatzen; Drückeberger heben mit tonnenschweren Baggern ein Gänseblümchen hoch!

Aus den baumwachsversiegelten Schnittflächen der Marterpfähle schlägt im nächsten Frühling nichts mehr aus. Manchmal kommt nach drei Jahren ein jämmerliches Zweiglein – es lebe Contergan! Stämme, die überleben, werden ein Jahr später nochmal gekappt.

Im dritten Jahr kann man dann einen blanken toten Stamm legal entfernen.

Kappen ist Fällen auf Raten.

Klagen und Denunziationen bei Umwelt- und Naturschutzamt helfen wenig.

Die liquidieren selber gern mal dreitausend Fichten, mit terminologisch exzellenten Begründungen: Korrektur von Bepflanzungsfehlern der Vergangenheit. Das schwarze Schaf aller Naturschützer: Fichten. – »Willst du einen Wald vernichten, pflanze Fichten, Fichten, Fichten!«

Auflichtung von Flusstälern sei – im Rahmen aktueller Flurbereinigungsverfahren und beispielsweise des geplanten Biotopverbundsystems Knüll – dringend anzuraten.

Der derzeit artenarme und nicht standortgerechte Fichtenreinbestand sollte durch natürliche Vegetation, genauer: ökologisch angemessene Erlenwaldbestockung im Auebereich, ersetzt werden, mit höherer Artendiversität, wobei das bessere Kleinklima dieser Biotop-Optimierung auch die Bach-Biozönose alsdann fördern würde, teils durch aktive Bepflanzung der Dynamikfläche (Gestaltung), die man dann in eine Stabilitätsfläche (Sukzession) übergehen lassen möchte. Solche Maßnahmedifferenzierung klingt seriöser, kompetenter, vertrauenswürdiger als: »Die machen nur Dreck«.

Was von Biologen »Frühphase einer Umwandlungsplanung« tituliert wird, läuft trotzdem auf Kahlschlag hinaus. Zudem droht Borkenkäferbefall, eventuell. »Außerdem fallen die Bäume sowieso eines Tages um.« Sobald die Besichtigungs- und Entscheidungskommission abzieht; naht ein schwedischer ›Prozessor‹, ein High-Tech-Supergigant-Holz-Vollernter (400 000 Euro). Der zur Fällung, Entastung und Stapelung pro vierzigjährigem Baum bloß zwanzig Sekunden braucht. Kosten solcher Aktionen: 20 000 Euro.

Initialpflanzungen hingegen werden per Hand realisiert, mit auffallend urtümlicher Technik, nämlich maschinenlos.

Der Beschneidungswahn und seine Wurzeln

Zeiten soll's gegeben haben, da konnte Frühling noch sein blaues Band durch romantische Lüfte flattern lassen, ungehindert und undurchknattert.

Dörfler, die strukturell sicher nicht minder borniert herumwühlten als heutige Ortsteilbewohner, schienen nichts gegen alten Baumbestand vor der Haustür gehabt zu haben.

Im Radio, das die Tanzlinde ablöste, ertönt immer seltener: »Wo wir uns finden wohl unter Linden zur Abendzeit.«

Historische Wurzeln

Beschneidungswahn ist ein Produkt der Frau Saubermann-Ästhetik ab 1950, eher früher. Seit 1945 boomt übersteigerter Aktivitätsdrang. Zum ersten Opfer der Autogesellschaft wurden Baumalleen. Freizeitfrust, Ehefrust, Nekrophilie bildeten Unterfutter für auszubauende Kollektivneurosen. Nostalgie in Richtung »Am Brunnen vor dem Tore, da steht ein Lindenbaum« konnte den Dauertrend nicht abschwächen.

Massenarbeitslosigkeit und fehlende Feindbilder kamen hinzu.

Einwand: Diese Erklärung ist unzureichend. Woher dann der Waldfrevel vorindustrieller Zeiten!? Den Lindenbaum vor dem Tore hat man auch schon mit Messern traktiert.

Psychologische Wurzeln

Das arg reglementierte, in seiner Menschenwürde angetastete, von Sachzwängen gebeutelte Gesellschaftsmitglied wird, wenn es plumpe Botanik freie Persönlichkeitsentfaltung betreiben sieht, verständlicherweise unangenehm. Auch wenn der letzte Kriegsinvalide von Drückeberg (mit Long-John-Silver-Holzbein und Stumpfbeschwerden), der soeben die letzte Birke Drückebergs auf Kniehöhe geköpft hat, eigentlich als ganz lieber Mensch herumhinkt. Dem hat halt einer eingeredet, die Birke könne die Treppe kaputtmachen und das koste Tausende. Was ich nicht darf, soll ein Ahorn erst recht nicht dürfen! Als Mahnmal wurde auch hier der Stumpf stehengelassen, als Sockel für einen Keramikpott mit Heidekraut. Mongolisch-muselmanische Synthese: beim Kahlschlagen legt man Wert auf Reste, auf lädiertes Fleisch, auf Narben.

Oder: Ein krebskranker Musiker hatte nur noch einen Wunsch: den blühenden Maibaum vor seinem Fenster zu fällen.

Einwand: Ich muss kein Seelenkrüppel sein, um guter Gärtner zu sein. Keine Ertragsteigerung ohne Baumpflege. Ohne die Kunst des Beschneidens und Pfropfens wäre bis heute aus einem sauren Holzapfel nicht der allermindeste Kulturapfel hervorgegangen! Außerdem haben Unbeschnittene öfter Peniskrebs als Beschnittene!

Gegeneinwand: Jedoch bestehe bei lediglich vier Prozent der Jungen eine medizinische Indikation zur Zirkumzision, und zudem könne die Entfernung der Vorhaut in jungen Jahren aus entwicklungspsychologischer Sicht gravierende psychotraumatische Wirkungen entfalten, wie mehrere hundert Juristen und Mediziner im Juli 2012 in einem offenen Brief in der Frankfurter Allgemeinen Zeitung erklärten.

Mythologische Wurzeln

Das erste prominente Opfer und damit Stammherr aller Hämlinge, Vorhautlosen und Körperbehinderten hieß Prokrustes.

Beschneidungswahn ist also tatsächlich nicht Nebenerscheinung technischer Zeitalter, sondern so alt wie die Götter, die die Rechte ihrer Geschöpfe mit Geboten beschnitten.

Denn Bäume dürfen zwar nicht in den Himmel wachsen, wohin sie nicht gehören und was ihnen auch unbeschnitten nicht gelänge. Dafür aber werden Eichen älter als Methusalem, den das naturgemäß derart wurmt, dass er dem Sieger gern vorauseilend zeigt, wer hier zwar kurzlebig, aber Herr im Biotop ist. Wer Simsons Bart kürzte, nahm ihm Kraft. Wer Bäume beschneidet, kämpft mangels Hydra gegen die zur grünen Hydra ernannte Pflanzenwelt.

Wer am Lebenszwirn der Parzen baumelt, will selber auch mal was abschneiden, zumal ständig irgendwo irgendwas in den Weg fingert und meine Rechte als Verkehrsteilnehmer beschneidet.

Philosophische Wurzeln

Die immanente Expansivität jedes Lebewesens bedarf sowohl akzidentieller Kontrolle wie perennerierender Naturbeherrschung großen Stils. Minimalistisch progredierendes Wachstum, das im Schwangerschaftsfall eher affirmativ akzentuiert wird, dünkt beim Karzinom, also auch analogen vegetativen Zuwachsraten, eher suspekt. Daher impliziert Menschsein eine tendenzielle Affinität zum Anorganischen, so desolat dieses mitunter sich gerieren mag. Idiosynkrasie gegen die Korporalität und Kreaturhaftigkeit des Seienden – et cetera.

Erklärungsmodelle, die mangrovenartig ineinandergreifen, werden an den wahren Ursachen jedes Beschneidungswahns kaum gänzlich vorbeifingern.

Baumseele kontra Pacific Lumbers

Plötzlich spitzte neulich sich etwas doch nochmal zu, so verspätet wie prägnant.

Der ewige Holzfäller Erysichthon-Jesus-Bonifatius trat in eine neue Runde, zeitgemäß als regenwalddezimierende Hamburgerproduktion oder als die auflagenstärksten BRD-Druckerzeugnisse Ikea-Katalog und ADAC-Kundenzeitschrift; als Turbokapitalist.

Ein Holzkonzern, die Monsterfirma Pacific Lumbers, wollte erneut eine tausendjährige Donareiche ernten, in dem Fall einen Red Wood. Doch der Riesenbaum hatte einen weiblichen Schutzgeist à la Johann Karl August Musäus' und Moritz von Schwinds Waldnymphe Krokowka oder Wilhelm Mannhardts Helena Dendritis, die ein Heiligtum auf Rhodos hatte. Zunächst knüpfte Julia Butterfly Hill nur als relativ profane Umweltaktivistin und Baumbesetzerin an den Baumumarmungs-Idealen der grünen Chipko-Bewegung an, initiiiert vom nordindischen Gandhianer und Umweltschützer Sunderlal Bahuguna im Himalaja. Sie verwandelte sich alsdann zu einer vollgültigen Donna Quixota. 748 Tage lang rannte sie heroisch an, tatsächlich gegen Windmühlen; denn die firmeneigenen, Schrecken einjagenden Helikopter von Pacific Lumbers flogen als wörtlich genommene Windmühlenflügel gegen ihr Baumhaus an. Sie stieg also nicht nur empirisch sechzig Meter hoch auf einen Baum, sondern stieg auf zu einer Säulenheiligen, Baumheiligen, des Namens Schmetterling, also Seele, also Baumseele, Baumgöttin, zur telegen interviewbaren Dryade. Pacific Lumbers, unterm

Archetyp Holzfäller kontra Urpflanze Baumseele.
(US-Armee, 1941–1945)

Druck medial wachgemachter Weltöffentlichkeit, drehte ab, verschonte den Baum.

Als Ikone aller Baumfreunde war Julia Butterfly mit ihrer Aktion erfolgreicher als alle, die sich auf die Schienen der Castor-Transporte setzen – also aufgrund ihrer Weltberühmtheit doch kein heilig durchgeknallter Don Quixote? Andererseits holzte Pacific Lumbers, statt diesen einen Red Wood, auf dem sie saß, unterdessen hundert andere ab. Die Umsatzbilanz schwankte nicht. Quantitativ hatte Julia Butterfly Hill doch nichts ausgerichtet mit ihrem pantomimischen Happening-Martyrium, also doch ein Don Quixote?

Heroisch wuchs sie in den Himmel; andere murksten unbekannt in Fußhöhe herum. Denn kaum erbrachten Baumbesetzer wie Nate Madsen die gleiche Protestleistung wie Julia Butterfly, wurden sie weniger als ein Hundertstel so berühmt wie sie. Als Mann reanimiert man nicht die Kollektiverinnerung an zitternde Dryaden und blutende Bäume.

Naturverbundene, die nicht auf Konfrontation gehen, mit und ohne Moralkeule, wollen undramatisch, mitten in mitscherlicher »Unwirtlichkeit der Städte«, nette grüne Gegenwelten pflegen – Haine der Heilung, die die Freunde der Bäume/Amis des Arbres/Friends of the Trees mit gutgemeinten Vokabeln, mit ›Friedensprojekten‹ behängen –, wollen das Band zwischen Baum und Mensch erspüren, den uralten Bund mit den Bäumen erneuern und bieten hierfür Seminare an, ganzheitliche Baumerfahrungen für Kinder, Jugendliche und Erwachsene.

Frage an die Wissenschaft: Hat Julia B. eigentlich je ein Apfelbäumchen gepflanzt? Elzéard Bouffier, der »Mann, der Bäume pflanzte«, hat in der unwirtlichen Hochebene der französischen Alpen ab 1914 täglich hundert Eicheln in den Boden gesetzt, jahrzehntelang – und somit eher den Archetypus der Gärtnerin

erfüllt und sich der holzfällenden, kriegführenden, fleischessen-
den Gesellschaft eher als Memme gezeigt, ist aber eben nur eine
fiktive Figur.

Verbuschende Fronten, tragische Paradoxe

Die einen Softies riechen an schönen Blümchen, die andern lassen der Butterfly-Tat Nachwehen folgen: Antiklimax- und Dimi-
nuendo-Beispiele privater, regional engangierter Zivilcourage –
gleichwie der Terror-Großanschlag vom 11. September 2001
spätere Kleinanleger nicht daran hinderte, auch dann Selbst-
mordattentäter zu werden, wenn dabei, in mickriger Unterbie-
tung, nur zwei, drei Seelen, statt tausende, mitgerissen wurden.

Ein unbescholtener Stadtrat, Familienvater und Baumfreund, Delf Schnappauf, 52, stellte sich am Ende eines Taufgot-
tesdiensts, 2002 in Wernswig bei Lützelwig, wacker in Trauer-
kleidung neben frisch umgelegten Kirchhofbäumen auf: »Diese
Birken werden keinen Frühling mehr erleben!« Anschließend
musste er sich vom Herrn Pfarrer ermahnen, zurechtweisen,
anpöbeln lassen, also quasi von Pacific Lumbers, Miniaturaus-
gabe, auf Bonifatius-Niveau zurückgestuft und eingedampft.
Ohne von stilistischen Wurzeln viel zu ahnen, hielt der Herr
Pfarrer das ärmliche Kruzifix des Todes erneut dem Baum des
Lebens entgegen.

Auch Buddhas Bodhibaum möchte mitschwingen im grünen
Fähnchen des Delf Schnappauf, das er einsamer hochhielt als
Jesus im Garten Gethsemane, verlorener als jene Sanktuarien,

die der prophetenbärtige Pflanzenkünstler Herman de Vries neben Autobahnen, mit Mauer drumrum, zu errichten pflegt – als freiwillige heilige Haine, eingesprengt in die Desolatesse unrentabel übernutzter, zersplitterter Restflächen, in Gewerbe- und Fußgängerzonen, beispielsweise der von Düsseldorf, in der am 12. April 2002 Herman de Vries eine Eiche pflanzte, mit der bonifatiuskritischen Inschrift: »winfryth me cæsit. herman me recreavit« (»Winfrid hat mich umgehauen, Herman wiederbelebt«) – ein weiterer Versuch, die dendrophobe Schandtat des Bonifatius wiedergutzumachen.

Hier Waldbrandzündler; da Löschflugzeuge. Hier Weihnachtsbaum-Mafia; da Biotop-Enthusiastinnen und Dendrologinnen. Hier Bußgeldverhänger kontra Baumfrevler, die auf einen Wink von oben die Strafe dann doch nicht verhängen; da das überblickbare Häufchen versprengter Umweltschützerinnen und Restgrüner; in summa: Hier der Holzverbrauch-Moloch Menschheit; da die übertönte Gegenmelodie heroischer Minderheiten.

Immer unübersichtlicher verbuschen die Parteien in unklare Fronten: Floristik-Center-Ästhetik, so positiv sie um die grüne Göttin Flora kreist, zementiert Frau Saubermanns Betonkübel-Mentalität. Selbst so seelenhafte, undinenartige Mischwesen aus Mensch und Baumseele, wie Julia Butterfly Hill, haften am Erdenrest, angewiesen auf Fäkalienabtransport und Essensnachschub. Zwei Jahre in einem Redwood überleben lässt sich nur mit Windschutzplanen aus BASF-Weichplastik.

ADAC-Pacific-Lumbers-Bontifatius-Erysichthon verkündete axtschwingend: »Im Zeitalter der hohen PS-Zahlen sind Alleebäume eher lästig. Sogar lebensgefährdend. Wenn Alleebäume nicht beseitigt werden, bleibt der Mensch dem Umweltschutz untergeordnet.«

Der Bildband »Grün kaputt« beklagte: »Alleen in Pommern gibt es nur noch dort, wo sich keine ADAC-Ortsgruppe etablierte.«

Dann aber fraß der ADAC Kreide und kämpfte zeitweise schier engagierter für Alleen als die Grünen, die sich voreilig ihren betongrauen Erzfeinden anglichen. Umweltschutzgigant Mercedes finanzierte von Anfang an über hundert Vogelkästen, um dies Millionen Zeit-Anzeigenlesern ständig zu melden. Auf einmal hielt Mercedes Sensoren für Tempodrosselungs-Automatik für gewinnträchtig, setzt sich also ebenfalls seit kurzem für Alleen ein.

Die größte paradoxe Tragik aller Baumfreunde und Baumnarren: Um sensible Verlautbarungen des Paul-Celan-Verses unter die Leute zu bringen, »Sooft ich Schulter an Schulter mit dem Maulbeerbaum wandelte, schrie sein jüngstes Blatt«, schreien nicht nur jüngste Blätter, sondern ganze Nadelwaldareale. Ehrenwert pflanzenfreundliche, wichtige, schöne Thesen der Buchreihe »Der Grüne Zweig« der althippieförmigen Humus-, Kompost- und Graswurzel-Verlegergestalt Werner Pieper, Publikationsorgane wie »Hanfblatt«, »Entheogene Blätter« oder »Magister Botanicus«, Zwerge und Elfen in ihrer Mondnacht, hängen allesamt an chlorfrei gebleichtem Papier. Zur Produktion von 1 Tonne Papier bedarf es 3,5 Tonnen Holz. Die Botschaft »Fällt weniger Bäume!« bliebe ohne Baumfällungen ungedruckt. Kurz: Ohne Baumtod kein Baumschutz.

Waldesrauschen polarisiert sein Publikum in rauschhaft Lauschende und für derlei Dinge unmusikalische Legastheniker. Das Buch polarisiert seine Leser in solche, die Thesen lesen wie »Der deutsche Wald stirbt!«, und andere, die Beweise bevorzugen, für deren Erbringung weitere Hektar fallen müssen: »Der deutsche Wald stirbt nachweislich noch lange nicht.«

Wie Jesus sein Leben für Ungerechte und Gerechte, gibt der Baum wehrlos und unparteilich sein Holz für Kettensägenreklameprospekte wie für Bildbände über geodätische Kuppeln in Biosphärenbäumen, schöne alte Baumgestalten und Baumhäuser.

Gummibäume geben sich nicht nur für Autoreifen her, 2,3 Millionen pro Tag, die als Dank wiederum nach Straßenverbreiterung, also Baumfällung, schreien, pro Tag 14 000 Tonnen, zudem beliefern sie sowohl Kondom- wie auch Babyschnuller-Industrie – Dilemma über Dilemma. Das alte Paradox des Vegetariers in der Lederjacke.

Doch die Hoffnung stirbt zuletzt. Obwohl 75 000 Bäume jährlich am Streusalz eingehen, kommen weiterhin auf jeden Menschen weltweit, bei aller Zubetonierung, fünfhundert Bäume und fünfzig Vögel. Fünfhundert! Und eine Eiche wächst täglich um 1,4 Millimeter, macht pro Tag ungeheure, rundum beruhigende Tonnenzahlen an Zuwachsmasse, viel mehr, als entnommen wird – also alles halb so schlimm. Jedenfalls jubeln viele Forstbiologen: »Nie wurde so viel für Bäume getan.«

Exklusive Privatparadiese internationaler Künstlerinnen

Wie schön, dass in diesem Makrokosmos aus Kriegslust, Milliardenlöchern, Trash-Deponien, Serien-Bungalows, durchzogen von 190 Kilometer langen Autostaus, immer wieder Mini-Oasen eingesprengt ruhen: Mikrokosmen, Hoffnungsinseln, Erholungsparks!

ULRICH HOLBEIN

Nicht immer landen die hilflosen Versuche meist weiblicher Naturverbundenheit bei gutgemeinten Schandflecken à la Frau Saubermann, sondern vereinzelt, je nach Gesellschaftsschicht, kann es zur bezaubernden Schwerelosigkeit handverlesen auserwählter, hocherlauchter Vorzeige-Gärten weltberühmter Kunstmalerinnen kommen.

Im geschmackvollen Prachtbband von Charlotte Seeling »Der Garten der Künstlerin«, entblättern sich schöne Welten, eine nach der anderen, nicht zu verwechseln mit heiler Welt, entlarvbarem Gemüt à la Gartenlaube, oder »Fährt der alte Lord fort, fährt er nur im Ford fort«, geschweige denn Alm-Liesels Herrengut. Sondern zweckfrei wie edelste Damaszener-Rosen, die fast schon den naturidentischen Duft hochkarätigsten Rosenparfüms unsagbar authentisch hinbekommen, schweben Fotoansichten, omnipräsentabel durch ihre Gegenwelt zur nicht so schönen Welt, durchwebt von Stilwille, auch Jugendstil-Kompatibilität, weit und breit immer wieder kein Zentimeter Unschönes.

Die Künstlerinnen aber tragen Champagner-Niveaunamen, langstielig ästhetizistisch à la Chatarine Warren und Xenia Hauser (»Ich bin gespannt, wohin die Reise führt«), bis hinauf zu Allison Armour-Wilsons, Tess Anna Hoare (»Ich liebe das Machen – das Ergebnis interessiert mich nicht mehr«) und Anna von Wesendonck-Pechmann, nur noch übergipfelt allenfalls von Dominique Lafourcade, welchselbige es in summa trotz Tagescreme nicht in jedem Fall hinkriegen, mit ihren illustren Exotica Schritt zu halten. Schöne Gärten fast genauso schöner Menschen.

Gleichwie die Selbstaussagen jener Masterinnen of Fine Arts, die am blumenähnlichsten heißen – Yasmin Brandolini d'Adda: »Ich will ganz aus der Fantasie arbeiten« oder Sylvie

Fleury: »Ich geh, wohin das Leben mich trägt« (nicht: ›mein Herz‹?) – mit ›ich‹ anfangen, so beginnen ihre blühenden Euphenyme nach Möglichkeit gleichfalls mit C: Claire Basler, Chrissie Pearcey, Chatarine Willis. Flaniert hier das Colette- oder Coco-Chanel-Syndrom? Sogar die Autorinnen solcher Farbfotobände, fügen sich – klangvoll tätig gewesen bei Vogue, Marie Claire und Cosmopolitan; schöner als alle Avon-Beraterinnen und fast jede Gesundheitsmagazin-Moderatorin – in die Welt ihrer schönen Welten ein, so stilbewußt wie nahtlos. Selbst die Fotografinnen, statt einfach bloß Gabi Müller heißen zu dürfen, klingen aufgestylt: Corinne Korda und Carina Landau, mit C, wie Charlotte Seeling, ausgeschnitten aus Elite-Akademie für Schönheitskorrekturen, Bildende Künste und Glamour-Kolportage, adligem Heimatroman und Frau im Spiegel.

»Ich habe alles auf mich zukommen lassen« (Isabella Ducrot). »Ich hoffe, dass mein Garten andere inspiriert« (Brigitte de la Rochefoucauld). »Denn das Naturell der Frauen ist so nah mit Kunst verwandt« (Goethe).

Das rechnet sich aber nur, bei hohen Auflagen, wenn alle Durchschnittsgartenpächter und alle Kräuterbeetgärtnerinnen, die in solch seligen Gefilden der Überzüchtung nie rumstiefeln dürften, auf jeden Fall anbeißen.

Selbst dort, wo der Hofgärtner nicht pünktlich mähte, also der Geist englischer Gärten zu walten scheint, dominiert der vor- und nachrousseausche Geist eher französelnder Gartenkunst.

Was die Hochglanz-Harmonie hätte stören können, zwischen Body-Styling und Gardinenschneidern, oder was auf Weniger-Schönes hätte hindeuten können, oder gar auf Ästhetik des Hässlichen, wurde draußengelassen, stillschweigend. Keinem Landschaftsgestalter, Lebensgefährten oder Finanzier wurde gesagt: »Bitte recht freundlich«, sondern immer nur: »Raus aus dem Bild!«

Eskamotierte Landschaftsgestalter brauchen zwischen unnötigen Geräteschuppen null nichtexistenten Wegerich ausjäten. Nicht vorhandene Hausdiener bewirten fehlende Gäste: Architekten, Schauspielerinnen, Manager. Jeder Rundgang eine Vernissage, Premiere, Matinee, Five-o'clock-tea-Finissage. Nirgendwo ein Kameraschwenk, der fünfzig Zentimeter neben Gartenmobiliar und Interieur einen diskreten Seitenblick auf Wirtschaftstrakt, Stromzähler, Doggenzwinger geworfen hätte, auf sanitäre Anlagen, Heizungskeller oder die alarmanlagenüberwachte Toreinfahrt, plus Hausgarage, Stellplätze, oder die Einzäunung all dieses opulenten Privatbesitzes. Man ahnt hinter kostbaren Einheiraten ausgeblendete Backstories – und hinter makellosen Nahaufnahmen durchmischte Gesamtanblicke. Allenfalls hat mal eine Malerin Jeans an, oder heißt naturbelassen Ursula Tiefengruber.

Nicht alle dieser Gärten sind, statt Gärten, Parks. Manche sind nur halb so vornehm, wodurch sich ihre Schönheit zum Glück nicht halbiert. Und umgekehrt: Wohnsitze mutierten zu Residenzen. Jericho-Rosen, Dilettantinnen und documenta-Ausstellerinnen begnügten sich, Delikatessen und Dekorateusen zu sein. Ein Duft paritätischer Rosamunde Pilcher und Lady Di (statt Peter Greenaway oder Rudolf Borchardt) flatterten – »seit sie ihren Traum vom Rosengarten umsetzen konnte« – unfreiwillig über die gartengestalterisch vorbehandelten, fotografitätisch nachbehandelten Ideal-Rabatten.

Wohl jedem Kunstgarten, der außerhalb von Zeit und Welt schweben darf, fern normalsterblicher Verkehrsanbindung! Hier wird nicht gebruncht, gemulcht, geerntet, gelebt, geknipst, kompostiert und kontempliert, hier wird ausgeleuchtet,

Kunstfotografie zelebriert, kredenzt, diniert, repräsentiert, renaturiert, wasserstoffperoxidblondiert.

Kaum steht man drin, in den schönsten Farbaufnahmen dieser Produkte echter Sonnenstaat- und Paradiessehnsucht, sehnt die staunend beglückte Seele, alias: schöne Seele, mitten im Blumenarrangement manch einer Villa Magica sich nach Pestwurz, der hier kynisch, ketzerisch, schelmisch (keine Angst: nicht so aggressiv wie damals die Türken in die Donau-Vorstadtgärten von Wien) durch die akkuraten, nein: mit höchster Akkuratesse durchdeklinierten Rasenflächen bräche. Es muss ja nicht gleich Heracleum mantegazzianum oder Hochwasser sein.

»Eine Frau, die nicht hässlich sein kann, ist nicht schön« (Francois de La Rochefoucauld).

Aber dafür ist tatsächlich alles sehr, sehr schön. Natur und Kunst haben sich hier gefunden, ehe sie sich zu fliehen schienen. Andererseits begnügen sich viele der herrlichen Fotos nicht nur damit, Faszinosum zu sein, nicht nur formal und stilvoll schön, sondern tatsächlich ganz einfach schön... wirklich sehr schön ... geradezu wunderschön. Alter Baumbestand. Wertbeständig. Preisverdächtige Creationen auf dem Laufsteg ihrer eigenen hyperoptimalen Hypersimulation, inklusive ungewollter Überlappungs-Koinzidenzen mit dem neuen Katalog aus dem Hause Gärtner Pötschke. Alle High-Society-Konnotationen und Kosmetik-Assoziationen abgerechnet – von zeitloser Schönheit. Que jolie! Amabile! Con amore! Nicht bloß beautiful, bellissimo, meraviglioso! Sondern incredible, deliziös!, Himmlisch!, heaven on earth! Ultimativ schön. Traumhaft schön. Schöner als schön. Was will man mehr? Hoffentlich nicht bloß ›bildschön‹ und ›nichts als schön‹?!? Was könnte man mehr wollen? Was wäre schöner als ›Schönheit‹? Das Ganze? »Jeder Engel ist schrecklich« – zauberhafte Poesie. Diese vollkommenen Gärten

hingegen sind – ohne den Umweg, schrecklich sein zu können –
gleichfalls reine Poesie. »Die Hortensien lassen in müder Pracht
ihre schweren Häupter hängen« – Georg Trakl oder Charlotte
Seeling?

So oder so: Können gute Menschen Kunstwerke schaffen?
Sein oder Design?

400 v. Chr.: »Wahre Worte sind nicht schön. Schöne Worte
sind nicht wahr.« (Laotse)

Schöne Gärten guter Menschen. Andererseits: Wenn Gott
überall ist, und wo sollte er sonst sein?, dann dürfte das Flair
floristisch hoch- und höchstkultivierter Kalenderkunst kein
Hinderungsgrund sein für diese Wiederverkörperung heiliger
Haine und grüngoldnen Lebensbaums, samt dessen Aura säu-
selnd atmender Dryaden ... Sylphen ... Baumseelen ...

Zu befürchten allenfalls, dass das Naturell von Upperclass-
Ehegatten, genau wie das üblicher TÜV- und ADAC-Dumpfis,
eher mit Hardware verwandt sein und bleiben dürfte als mit
Kunst und Gartenkunst. Man zeigt ihnen das schönste Semi-
ramis-Eden, sie aber können mal wieder ihre Gefühle nicht so
richtig zeigen und denken nur an ihre Schlagbohrmaschine,
immerhin um ihrer Muse ein paar Löcher zu bohren (Kletter-
hilfe für Efeu). Statt feinsinnig, impressionabel bis histrionisch
auszuflippen im Angesicht unübertrefflich kunstreicher, licht-
durchfluteter Gartenpracht, müssen auch besserverdienende
Männer florale Euphorie simulieren, mehr oder minder, um
ebenfalls als halbwegs empfindsam, weich und human zu gelten.
Ob ihnen dies – bei aller Unfeminität – gelingen mag?

Pantheismus ohne Hindernisse

Hylozoistischen und panpsychistischen Theorien zufolge gibt es Elfen nur deshalb nicht mehr, weil keiner mehr im Wald onaniert.

Esoterikerinnen, neue Hexen, Anthroposophinnen beantworten nicht nur die Frage aller Stehaufweiblein und Stehaufmännchen »Gibt es Geister und Geistinnen?« geschlossen mit »Yes!«, sie nehmen sogar paracelsische Elementargeister, die mit Gott das Schicksal allzu weitgehender Unsichtbarkeit teilen, so wörtlich wie möglich, können Wesenheiten und Geistwesen selbst noch im Nutzholzbestand spüren – Trimmdichpfad kein Hindernis.

Die bayrische Geisterseherin, oder besser: Geisterfühlerin Luisa Francia findet ihr Jenseits derart im Nahbereich, dass sie gar nicht erst in den Wald gehen muss; bereits im Wohnbereich rollt sie sich sympathisch in ein Ensemble putzig hausbackener Entitäten ein, in Geisterhängematten und Teppiche aus Schmusegeistern. Sie hält sich Hauskobolde wie Meerschweinchen und andere Tamagotchis auf Augenhöhe und versöhnt alle ihre nicht gänzlich kontaktscheuen Geister mit Opfergaben, Teelichtern und Katzenfutter.

Auf den Hinweis, Geister gebe es nicht, reagiert Luisa Francia angenehm raffitückisch, nämlich mit dem Buddha-Wort: Die desolat geisterlose Realität der Realisten sei doch ebenfalls nur Blendwerk. Na also! Wodurch Mensch und Geist optimal auf einer Ebene landen, alles eine Bagage, übrigens auf einer Seinsebene.

ULRICH HOLBEIN

Zur schaumgeborenen Venus und zum baumgeborenen Laotse, der bereits als Baby – befragt, wer sein Vater sei – auf einen Pflaumenbaum zeigte, gesellte sich seit längerem, wenn auch nur auf der Seinsebene der Karikatur, das Birnengesicht Helmut Kohl.

Zum Glück aller Beteiligten hat sich Sartres schwarze Erleuchtung unter naturverbundenen Normalos nicht äußerst herumgesprochen, so dass also gute Freunde, unter Umgehung Sartres, direkt wieder an Buddha anknüpfen können: Fred Hageneder floh als Teenager, angepöbelt von Neonazis, unter eine Birke, ließ sich ergreifen von naturmystischer Erleuchtung und verfasste alsbald ein Buch über den Geist der Bäume. Klassische Urwaldriesen wie der Rosenfreund Wilhelm Ludwig Döring, Wilhelm Mannhardt, Sir James G. Frazer, Bächtold-Stäubli, Rudolf Borchardt wuchsen nach. Sie verzweigten sich neuinkarniert zu rezenten Ablegern, zu schamanophilen Ethnobotanikern, (immerhin langbärtigen) Hexenkrautverehrern, Pflanzendeva-Züchtern, Fliegenpilzmythologen und promovierten Wurzelschraten wie Sergius Golowin, Wolf-Dieter Storl, Christian Rätsch, Wolfgang Bauer, die um Pflanzen der Götter kreisen, Pflanzen der Liebe, geistbewegende Zauberpflanzen, keltische Sakralbäume, atlantische Entitäten, vergessene Gemüse wie Topinambur und andere Knollen, um Kräuterwisch, Erbsen- und Cocadevas.

Wolf-Dieter Storl durchschaute Gartenzwerge und stellte trotzdem welche auf. Denn: Noch der spießigste Keramikzwerg oder ein Bambi aus glasiertem Ton oder aus Plastik, dem Lieblingsmaterial der Geschmacklosigkeit, kann bei aller Engstirnigkeit, allem Territorialdenken von Gartenzwergen und ihren Herrchen, die ätherischen Kräfte im Garten stärken, wie die Wegmarterln im Allgäu – Verharmlosung kein Hindernis.

Pandämonismus braucht vor Scherzartikeln mit Zipfelmütze nicht halt zu machen.

Biosophisch angehauchte Naturfreaks schließen sogar die heiß bekämpfte Herkulesstaude in ihre Liebe ein, bauen sich Hexenthrone aus austreibenden Weidenschösslingen und onanieren zunehmend im Wald, zwecks Elfenproduktion.

Baumtote, Tempotote, Autotote

Unterdessen lässt das papierlose Büro noch lange auf sich warten. Dass Zeitungen dünner wurden, lag am Anzeigenrückgang, nicht am Mitleid mit Bruder Baum. Pro Jahr werden bundesweit 200 Millionen Euro für Papiertaschentücher ausgegeben. Jährlich werden allein in Deutschland 22 Millionen Quadratmeter Eiche als Parkett verlegt und stündlich 5400 Quadratmeter zuasphaltiert. Täglich werden weltweit Bäume für 150 Millionen Bretter gefällt. Weiterhin 2 Milliarden Menschen, laut FAO-Bericht, sind beim Kochen und Heizen auf Holz und Holzkohle angewiesen!

Immer nüchternere Blüten treibt NN hierzulande: Der Kampf zwischen Baumfan-Gemeinde und Holzkonsumenten abstrahiert sich in Friktionen, Querelen, Hickhack zwischen RSB (Richtlinien zum Schutz vor ›Baumunfällen‹).

Unwort des Jahres 2000: Baumunfälle.

Baum des Jahres 2013: Holzapfel (Malus sylvestris)

Baum des Jahres 2014: Traubeneiche (Quercus petraea)

Baum des Jahres 2015: _____

Anti-Alleen-Regelwerk ESAB (Empfehlungen zum Schutz vor Unfällen mit Aufprall auf Bäume), Forschungsgesellschaften für Straßen und Verkehr des GSV (Gesamtverband der Versicherungen), RPS (Richtlinien für passiven Schutz an Straßen durch Fahrzeug-Rückhaltesysteme), FLL (Forschungsgesellschaft Landschaftsentwicklung Landschaftsbau), Straßenbauämter, Juraprofessoren halten es bereits für fahrlässig, Baumsetzen am Straßenrand zu planen.

Täglich entstehen auf bundesdeutschen Straßen fünf bundesdeutsche Baumtote. Diese Zahlen konnten durch Leitplankenbau um vierzig Prozent gesenkt werden.

Baumunfallverursacher erheben Regressansprüche gegen den Bauträger, die Straßenbauverwaltung. Eltern oder Witwen erhalten Aufforderungen, den Schaden am unschuldigen Baum zu bezahlen. Begründung: Öffentlicher Verkehr ist nur zugelassen in asphaltierten Bereichen. Also nicht an Bäumen!

Baumfreunde fechten darum, ob ›Baumtote‹ nicht eher ›Alkoholtote‹, ›Tempotote‹ und ›Autotote‹ heißen sollten. Am Wegesrand der Statistik, dass pro Jahr mehr Autotote anfallen als Hiroshimatote, häufen sich Einzeltragödien: Kaum verfasste Jazz- und Medienpaket-Papst Joachim-Ernst Berendt ein schönes Buch über Bäume und langsames Gehen auf Wegen, überfuhr ihn, als er mal zu Fuß ging, tödlich ein Auto.

Kein DDR-Ende ohne Alleendämmerung in MacPom.

Wachsender Beliebtheit erfreuen sich neuerdings, neben Feuer-, Ost- und Nordseebeisetzungen, Friedwald-Baumbestattungen. Die Maismehl-Urne, biologisch überaus abbaubar, da nur wenige Tage haltbar, wird zwischen den Wurzeln eines persönlichen Baums vergraben, den man für 770 Euro auf 99 Jahre pachtet; oder falls man mit zehn Familienmitgliedern und Freunden zusammen unter einem Baum ruhen möchte, im

Zehnerpack, für zusammen 3600 Euro. Die Grabpflege übernimmt die Natur. Für Witwen mit Hund hat das den Vorteil, dass auch der Hund, der nicht mitdarf auf gewöhnliche Friedhöfe, mit zum Totenbaum seines verstorbenen Herrchens pilgern kann, aber den Nachteil, dass Kerzen, Inschriften, Bilder, Trauerinsignien nicht am Baum angebracht werden dürfen, dafür eine arg unnatürlich aussehende Kunststoff-Plakette mit Kundennummer.

Baumwerke statt Bauwerke

Anknüpfend an einen seltsamen Rufer in der Asphaltwüste der Neuzeit, den Landschaftsgärtner, Naturbauingenieur und Kulturarchitekten Arthur Wiechula (1867–1941), der ab 1914 unmoderne bis prähistorische Naturzaungeflecht-Techniken erfand und entwickelte, verflochtene, lebende Pflanzen einbezog, kontra Stacheldraht- und Maschendrahtzaun, kontra Garten- und Lattenzaun, und der weitgehend unbekannt gebliebene Methoden patentierte, Äste und Zweige zusammenwachsen zu lassen, die dann Baumhäuser bildeten, aus durchbrochenen und geschlossenen lebenden Holzwänden.

Dreißig Pflanzenbau-Künstler griffen noch weiter zurück, nämlich auf die mesopotamische Rutenbündeltechnik der von Saddam Hussein bekämpften, lahmgelegten, ausgetrockneten Sumpfaraber, und frönten in der Musteranlage der alten Stadtgärtnerei von Bonn, initiiert vom Architekturhistoriker Dr. Walfried Pohl und Luzia Meyer vom Werkbund NRW, ihrer Zukunftsvision einer naturbelassenen bis naturidentischen Bauweise, wie sie nicht nur in Schulen, Kindergärten und Hinterhöfen floriert und auskommt ohne die üblichen anorganischen Hilfsmittel Mörtel, Nägel, Äxte, Beton, Silikon, Metall und Dübel.

Marcel Kalberer, seines Zeichens Weidendombaumeister, mit seiner Naturbaukunstgruppe »Sanfte Strukturen«, errichtete mit Flechtmeistern und x Gehilfen erst Dutzende, dann Hunderte Apfelhäuschen, Lehmspiralhäuser im Grünen, Seilwerke, Spielhäuser, Lichtzelte, Rutenbündelbazare, Wandelgänge aus Flechtwerk, Kielbogenbühnen, Gipsmoscheen, Klangbaustellen, Kuppelgrotten, Solar-Zeppelitzen und grüne, lebende Garagen, Zopfgitterhecken, Dorflauben, Liebeslauben, in summa: Bauwerke aus lebenden, weiterwachsenden, über Etage 1 und 2 hinauswachsenden Weidenstecklingen und Weiden, ausgeklügelte Systeme, einfallsreiche, obendrein überaus regendichte Mixturen aus Haus, Baum und Baumhaus, Lebendkunst, Baumtempel, ganze Pflanzendörfer, Weidenpaläste in Auerstädt, Malmö, Lörrach, Berlin, Köln, Hagen und anderswo, nicht ohne langen Atem für pflanzliche Geduld und Hauswachstum. Im Baujahr und im Winter sehen solche Häser zunächst ein wenig kahl, einstöckig, skelettartig aus, trotz schnellwüchsiger Schösslinge, und werden von Jahr zu Jahr buschiger und erscheinen nach wenigen, spätestens sieben Jahren von fern wie halbkugelförmiger Buschwald, als grüne Moscheen aus lebendig weiterwachsenden Weiden, die während der Lebensdauer eines solchen Baumhausgebäudes – über hundert Jahre – von Gärtnern weitergepflegt werden müssen, von Baumhütern und Hausmeistern, zunehmend von Waldmeistern und Dschungelhelden, die das Gesamtgebilde auch zwischendurch ständig beschneiden, auf dass der Wald, dessen Baumgruppen sich erst beim Buschwaldbetreten als Häuser entpuppen, seine Hausartigkeit nicht völlig abwerfe und das Haus nicht gänzlich zur

Nichtmehrauseinanderdröselbarkeit ausufere, winddurch-
wühlt im Abendlicht. Das alles fußt auf den unversteinerten
Vorstufen spätgotisch pflanzenhafter Bauweise, rückübersetzt,
entsteinert, rekonstruiert, nein: reanimiert gotische Pflanzen-
dome, inklusive Neugotik und Neo-Neugotik, Frühgotik, Vorgotik und Urgotik, die nachträglich frühlingsgrün aufsteigen dürfen, lichtschlürfende, lichtgrüne Luftschlösser auf organischen
Portalen und Bündelverknüpf-Rundbögen aus Propfreisern
gebündelt, gebunden, gewickelt, heilige Buckel- und Hohlraum-
haine, Zufluchtsorte für zivilisationsgeschädigte Pflanzenseelen,
die mit ihren alternden Erbauern um die Wette wachsen,
wenn auch nicht ganz so hoch in den Himmel sprießen können
wie das künftige Nachfolgegebäude des WTC, hoffentlich mehr
als nur gutgemeinte florale verkehrsumbrauste Farbtupfer-Auf-
lockerungen in verdorbenen Stadtbildern.

Jetzt fehlen praktisch nur noch Autos aus Holz, denen leben-
dige Weidenzweige hinterherwehen – und grasbewachsene Ba-
demäntel.

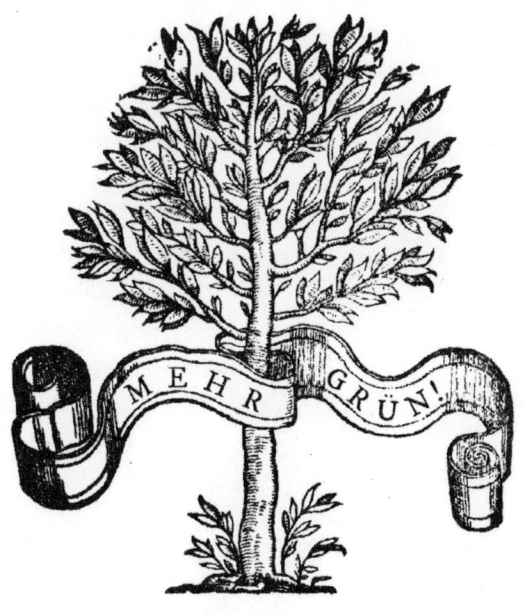

Literaturhinweise

Klassiker und Grundlagenwerke zur Baummythologie

Anderson, William: Der grüne Mann, Düsseldorf 1993

Borchardt, Rudolf: Der leidenschaftliche Gärtner, Stuttgart 2002

Brosse, Jacques: Mythologie der Bäume, Freiburg 1990

Dähnhardt, Oskar: Natursagen, Nachdruck von 1912, Hildesheim 1983

de Vries, Herman: Natural Relations. Eine Skizze, Nürnberg 1989

Döring, Wilhelm Ludwig: Königin der Blumen, Nachdruck von 1835, Hildesheim 2001

Fechner, Gustav T.: Nanna oder über das Seelenleben der Pflanzen Leipzig 1848 (Neuausgabe: Das unendliche Leben, München 1984)

Frazer, James George: Der Goldene Zweig. Eine Studie über Magie und Religion, Auswahl in zwei Bänden, Köln 1977

Ingensiep, Hans Werner: Geschichte der Pflanzenseele. Stuttgart 2001

Mannhardt, Wilhelm: Wald- und Feldkulte der Germanen, Nachdruck von 1877, Hildesheim 2002

Wälder, Gärten, Landschaftsverschandelung

Hamberger, Sylvia/Ossi Baumeister/Wolfgang Zängl: Kein schöner Wald. Eine vergleichende Fotodokumentation, München 1993

Harrison, R. P.: Wälder. Ursprung und Spiegel der Kultur, München 1992

Küster, Hansjörg: Geschichte des Waldes. Von der Urzeit bis zur Gegenwart, München 1998

Seeling, Charlotte/Corinne Korda/Carina Landau: Der Garten der Künstlerin. 33 Porträts, Hildesheim 2002

Wieland, Dieter/Peter M. Bode/Rüdiger Disko: Grün kaputt. Landschaft und Gärten der Deutschen, München 1983/2000

Naturmystik und Bäume

Bauer, Wolfgang/Edzard Klapp/Alexandra Rosenbohm: Der Fliegenpilz. Traumkult, Märchenzauber, Mythenrausch, Aarau 2000

Berendt, Joachim Ernst: Es gibt keinen Weg, nur gehen, Frankfurt 1999

Eggmann, Verena/Bernd Steiner: Baumzeit. Magier, Mythen und Mira-kel, Zürich 1995

Fabricius, Wilhelm: Geister und Abergeister. Der Grüne Zweig 58, 1978

Gerlitz, Peter: Heiliger Baum – heiliges Tier. Mensch und Natur in archa-ischen Kulturen, Düsseldorf, 2003

Görden, Michael (Hrsg.): Das Buch vom wilden Mann. Der uralte My-thos – neu belebt, München 1992

Hageneder, Fred: Geist der Bäume. Eine ganzheitliche Sicht des uner-kannten Wesens der Bäume, Saarbrücken 2000

Heinrich, Clark: Die Magie der Pilze. Psychoaktive Pflanzen in Mythos, Alchimie und Religion, München 1994

Miller, Dusty/Martin Adam: Was die erzählen können! Zur Intelligenz der Bäume, Löhrbach 2001

Paracelsus: Das Buch von den Nymphen, Sylphen, Pygmäen und Sala-mandern und den übrigen Geistern (erstmals 1540), in: Heinz Höflinger/Thomas Lehner: Der Feengarten. Freiburg 1985

Spiesberger, Karl: Wie Seher sie schauen – wie Magier sie rufen. Mär-chengestalten oder beseelte Naturkräfte? Berlin 1978

Storl, Wolf-Dieter: Pflanzendevas. Die geistig-seelischen Dimensionen der Pflanzen. Aarau 2000

— Pflanzen der Kelten. Heilkunde, Pflanzenzauber, Baumkalender, Aarau 2000

Rätsch, Christian/Heinz J. Probst: Namaste Yeti – Geschichten vom wil-den Mann, München 1985

Rätsch, Christian: Heilpflanzen der Antike. Mythologie, Heilkunst und Anwendung, Aarau 2014

Zerling, Clemens: Lexikon der Pflanzensymbolik, Darmstadt 2013

Ökologie und Naturbauarchitketur

94   Heilig, Karl Heinz: Zwischen Himmel und Erde. Die Baukunst der Glück-
         lichen, Dokumentarfilm mit Beibuch, Oldenburg 2002

Hermand, Jost: Grüne Utopien in Deutschland, Frankfurt a. M. 1991

—   (Hrsg.): Mit den Bäumen sterben die Menschen. Zur Kulturge-
         schichte der Ökologie, Köln 1993

Hill, Julia Butterfly: Die Botschaft der Baumfrau, München 2002

Höntsch, Andreas/ Carmen Blazejewski: BaumNarren, Dokumentarfilm,
         Institut für Neue Medien 2002

Kalberer, Marcel/ Micky Remann: Das Weidenbaubuch. Die Kunst, le-
         bende Bauwerke zu gestalten, Aarau 1999

—   Grüne Kathedralen. Die weltweite Wirkung wachsender Weiden,
         Aarau 2003

Kirsch, Konstantin: Naturbauten aus lebenden Gehölzen, Kevelaer 1996

Laurens, Alain/ Daniel Dufour/ Ghislain Andrè: Traumhafte Baumhäu-
         ser, Aarau 2009

Lowman, Margaret D.: Die Frau in den Bäumen, Eine Biologin erforscht
         das Leben in den Baumkronen, München 2000

Maathai, Wangari: Die Wunden der Schöpfung heilen, Freiburg 2012

St. Barbe Baker, Richard: Der Mann der Bäume, Bad König 1991

Tüting, Ludmilla: Umarmt die Bäume. Die Chipko-Bewegung in Indien,
         Berlin 1983

—   Menschen Bäume Erosionen. Kahlschlag im Himalaya. Wege aus
         der Zerstörung, Der Grüne Zweig 120, Löhrbach 1987

Baum und Baumgeist in Märchen, Sage und Belletristik

Buzzati, Dino: Das Geheimnis des Alten Waldes, Frankfurt a. M., 1986

Calvino, Italo: Der Baron in den Bäumen, Frankfurt a. M., 1960

Desai, Kiran: Der Guru im Guavenbaum, München, 1998

Giono, Jean: Der Mann, der Bäume pflanzte. München 2011

Hauser, Albert: Waldgeister und Holzfäller, Zürich 1980

Liebers, Andrea: Der schüchterne Baumgeist, in: Als der Buddha einst
ein Löwe war. Geschichten für Kinder, Berlin 1997 95
— Baumgeister unterwegs, in: Als der Buddha einst ein Räuber war.
Geschichten für Kinder, Berlin 1997
Schmidt, Arno: Das heulende Haus/In Gesellschaft von Bäumen, in:
ders.: Zettels Traum, II. Buch, Frankfurt a. M. 2004
Shyami, Bhajju: Das Geheimnis der Bäume, Zürich 2009
Späth, Gerold: Der Goldbaum auf Socotra, in: Sindbadland, Frankfurt
a. M. 1984
Walter, Otto F.: Wie wird Beton zu Gras. Reinbek, 1979

Baumfreundliche Websites

Aktionsgemeinschaft Solidarische Welt e. V., *www.aswnet.de*
Arbeitsgemeinschaft Neue Baumpflege e. V., *www.neue-baumpflege.de*
Fassadenbegrünung, Thorwald Brandwein, *www.biotekt.de*
Freunde der Bäume e. V., *www.freunde-der-baeume.de*
Friedwald Bestattungs GmbH, *www.friedwald.de*
Gärtnerische Nutzung von Wildwuchs, *www.essbare-landschaften.de*
Wangari Maathai (1940–2011), Aktivistin, *www.greenbeltmovement.org*
Julia Butterfly Hill, US-Baumbesetzerin, *www.juliabutterfly.com*
Kulturgut Baum e. V., *www.alte-baeume.de*
Landwirtschaftliche Nutzung von Gehölzen, *www.agroforst.de*
Miranda Gibson, australische Baumbesetzerin, *www.observertree.org*
Plant for the Planet, Felix Finkbeiner, *www.plant-for-the-planet.org*
Robin Wood e. V. – Aktiv für die Umwelt, *www.robinwood.de*
Stiftung Waldgartendorf, Konstantin Kirsch, *www.naturbauten.com*
Weidenbau, Marcel Kalberer, *www.sanftestrukturen.de*
Werner Piepers Grüner Zweig und vieles mehr, *www.gruenekraft.com*